好奇猩科普馆
Curious Gorilla

献给阿丝塔、谢丝汀和博埃尔

感谢你们的帮助！

帕特里克·诺尔奎斯特（于默奥大学）

安德士·诺德伦德（查尔姆斯理工大学）

约汉娜·斯蒂恩（斯德哥尔摩大学）

桑德拉·耶姆特戈德（瑞典农业科学大学）

马库斯·扬松（斯德哥尔摩大学）

约纳斯·许德曼（莱卡胡医疗）

奥勒·特雷尼乌斯（乌普萨拉大学）

版权合同登记号：图字：11-2022-305

图书在版编目(CIP)数据

宇宙万物的奥秘 / (瑞典)拉斯姆斯·奥克布洛姆著；
(瑞典)埃里克·斯韦托夫特绘；张毓文译 . —杭州：浙江
文艺出版社，2024.3
    ISBN 978-7-5339-7408-4

    Ⅰ.①宇…　Ⅱ.①拉…　②埃…　③张…　Ⅲ.①自
然科学—儿童读物　Ⅳ.①N49

中国国家版本馆 CIP 数据核字(2023)第 210330 号

责任编辑	何晓博	**责任校对**	朱　立
责任印制	吴春娟	**装帧设计**	吕翡翠
营销编辑	周　鑫		

宇宙万物的奥秘

[瑞典]拉斯姆斯·奥克布洛姆　著
[瑞典]埃里克·斯韦托夫特　绘
张毓文　译

出版发行　浙江文艺出版社
地　　址　杭州市体育场路347号
邮　　编　310006
电　　话　0571-85176953(总编办)
　　　　　0571-85152727(市场部)
制　　版　杭州兴邦电子印务有限公司
印　　刷　上海盛通时代印刷有限公司
开　　本　710毫米×1000毫米　1/16
字　　数　77千字
印　　张　8.5
插　　页　4
版　　次　2024年3月第1版
印　　次　2024年3月第1次印刷
书　　号　ISBN 978-7-5339-7408-4
定　　价　88.00元

宇宙万物的奥秘

[瑞典] 拉斯姆斯·奥克布洛姆 著

[瑞典] 埃里克·斯韦托夫特 绘

张毓文 译

浙江文艺出版社

现实世界之下的秘密

宇宙万物

大爆炸　银河系　太阳系　恒星太阳　行星地球

射电望远镜　空间望远镜　天文望远镜　双筒望远镜

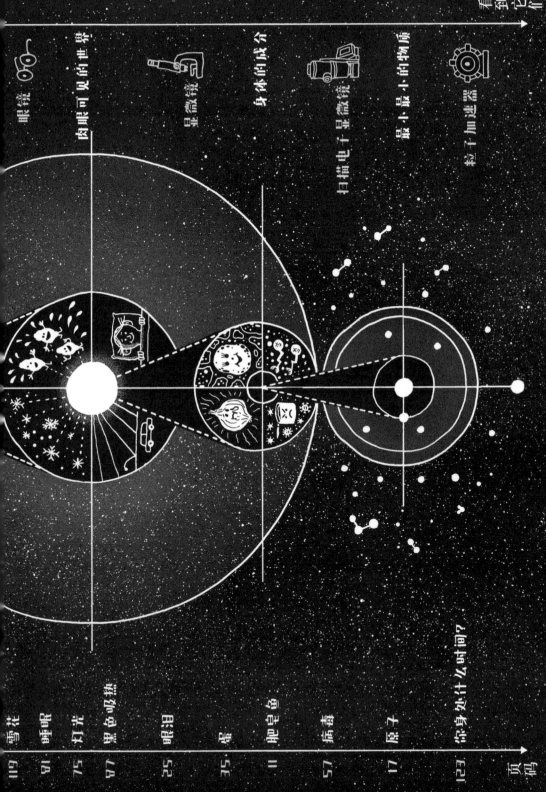

人类如何看到它们

眼镜

肉眼可见的世界

显微镜

身体的成分

扫描电子显微镜

最小最小的物质

粒子加速器

隐藏在现实之下的秘密

　　在现实世界之下，万事万物都藏着秘密。这些秘密让树木茁壮生长，让外星系的光穿越而来，让你的心脏不断跳动。但当你弄明白了这些秘密的原理和它们的藏身之地后，你也可以看到它们，无论何时，无论何地。

　　如果你正在听这本书，请闭上眼睛训练你的洞察力。如果你正在阅读这本书，请在每一章后也闭上眼睛，训练你的记忆力。当你放下书准备进入现实世界的时候，再睁开眼睛吧！

你身在哪里？
穿越万事万物的旅程

这一章以这个问题开始，也会以这个问题结束。回答"你身在哪里"这个问题说简单也简单，可说难也难。

我们先从简单的部分开始说吧。在此之前，我想请你暂时闭上眼睛。来，闭上眼，感受你的眼皮是如何合上的，你的周围是如何逐渐变得漆黑的。

现在，想象你正躺在家里的床上。你可以抚摸一下床单，它摸起来既粗糙又柔软。你感受到了床单的触感。这就是问题里容易回答的那部分：现在你人就在床上。

我们再来说说难的，即**"在万事万物之中，你身在哪里"**这个问题。

继续闭着眼，想象你正在从上方看着你的床，再想象你飘浮到了房子的上方。现在正是黄昏时分，你能看到你家的屋顶和房子周围的土地。你继续往上飘，看到房屋的窗户闪闪发亮，亮着车灯的汽车正行驶回家。很快，你就看到了整个市区、乡镇的道路，森林和平原，你还看到了山川河流乃至整个国家。到目前为止，"你身在哪里"这个问题依然很好回答：短短一行邮寄地址就能把你在地球上的位置说清楚。

现在，你有了一件航天服。这件航天服可对你在这本书中的旅行大有帮助。当你一路飘到太空时，穿上这件航天服可以让你感到安全又温暖。你低头俯视着我们的地球。在一片黑色中，它被一层薄薄的白色云雾包裹着，闪耀着蓝色和绿色。

你继续前行，很快就能看到我们所在的整个太阳系。我们的恒星太阳周围环绕着八颗行星：小小的水星，炙热的金星，我们所在

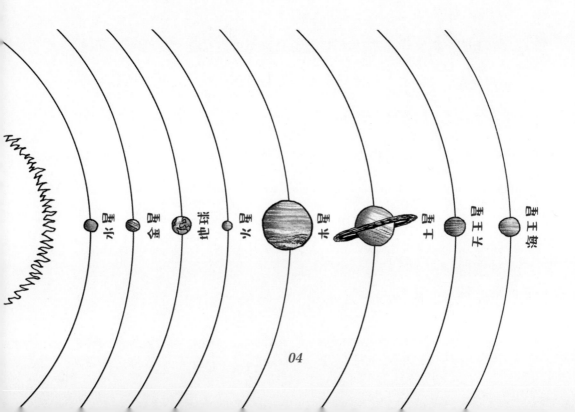

的地球，红色的火星，巨大的木星，带环的土星，浅蓝的天王星，还有深蓝的海王星。

在你所在的地球上，你的床在一个我们叫得出名字的国家里，有一个叫得出名字的详细地址。但它在一个实际上并没有名字的太阳系里。我们称之为"太阳系"，是因为以前我们不知道宇宙中还有其他的太阳系。因此，我们并没有为我们所在的这个太阳系命名。但现在，科学家们已经发现了数千个太阳系。差不多是时候为我们自己的太阳系取个名字了。当你明天醒来后，我认为你应该这么干：给我们所在的太阳系命名。

你继续向外飘。很快，你就看不到这些行星了。太阳——我们自己的恒星——变成了所有星星中的一个小亮点。现在，**整个星系尽收眼底**。我们所在的这个星系已经被命名了，它叫银河系。在银河系的中心有一个巨大的黑洞（我们之后会更详细地讨论它）。数十亿颗恒星在黑洞周围闪烁舞动，如同长臂在伸展一般。

整个银河系缓慢地旋转着。从上往下看，它就像一只闪闪发光的巨型章鱼。我们的地球和太阳就轻轻地靠在章鱼的其中一条手臂上。

再往上飘，你会看到银河系外广阔无垠的空旷空间。但过了一会儿，随着你继续向上飘浮，你又会发现其他的星系。这是因为宇宙中并不只有我们自己的星系，还有许许多多其他的星系。归根结底，银河系只是亿万星系中一个闪光的小点罢了。无数星系在你的上方、下方，甚至四面八方浩浩荡荡地汇聚。不过，你还是能辨认出你的床在哪里。只要顺着飘浮上来的路线再一路走回你自己家去就行。你现在还是身在这个宇宙中，在这个世界上，在你自己家里。

但如果你从地球出发后成功地走了很远，乃至走出了**这个宇宙**，那就很难找到回来的路了，因为宇宙可能不止一个。要理解这是为什么，我们必须得穿越回到一切的开始，回到宇宙的起源，来到"大爆炸"时期。

你可能听说过大爆炸宇宙论吧？也许你也已经见过关于大爆炸的一些图像？如果是的，你已经见识过一个小点如何在爆炸后形成了如今所有的恒星和星系。当然了，这是神奇莫测的。但要是我们往细里说的话，事情还要更神奇一些。因为在那个小点爆炸以前，它的周围并没有任何空间。甚至空间本身都在小点内。只有小点里面存在空间。

你现在可能觉得这很难理解，那没关系。其实没有人能完全理解这一点。我们的大脑并不能真正理解虚无和无限之类的东西。

不过，科学家们可以用数学推算出

发生了什么，然后他们这样解释道：在万事万物存在之前，一切——整个宇宙以及数十亿个星系中的数十亿颗恒星——都在一个非常非常小、小到几乎不存在的地方。没人知道这个地方到底长什么样，但你可以把这个地方想象成一个发光的、黑色的、小小的鱼子（也就是鱼产下的卵）。要是把万事万物都放到一粒小小的鱼子里，他们可和现在的样子大不相同——万事万物不会分上下左右，时间也不会流动。这粒小鱼子里面存在着其他的东西。

在这粒小鱼子周围，什么都不存在。我们现在还没有一个词专门来形容它。或许我们可以称之为……**虚无**。

很难说这粒小鱼子在虚无中存在了多久。毕竟，这一切都发生在时间开始流动之前。

随后这粒小鱼子开始膨胀。它膨胀得飞快，在小鱼子中的是整个宇宙，它胀得像个充满气的气球。这个不断胀大的气球中充满了炙热的气体，它会在数十亿年后冷却凝固，形成所有的恒星和行星。之后，还会形成我们的地球和太阳，很久之后，还会变成你的手、你的肺、你跳动的心脏、你正在听这些话的耳朵和你正努力理解这些话的大脑。

那么，大爆炸这一说法对回答"你身在哪里"这个问题又意味着什么呢？这么说吧，也许在虚无之中不止一粒小鱼子。说不定有很多粒小鱼子呢？一大片小小的、黑色的鱼子在那里静静等待着，它们之后或许也会膨胀、扩张，各自形成各自的宇宙。

目前还没有人能够确认这一点，但很多科学家的数学推算表明了有可能真是这样：**在我们自己的宇宙之外，还有无数的宇宙。**

总之，描述你在我们这个宇宙中的位置是很简单的。你在一个叫银河系的星系内，一个还没有名字——不过你马上要给它命名——的太阳系中，一个叫地球的行星上，一个有名字的国家里，一个有详细地址的房子的一张床上。但在无数个宇宙之中，要立即指出你在万事万物中的位置是很困难的。因此，这个问题并没有解决：你究竟身在哪里？

我为我们所在的太阳系取的名字是：

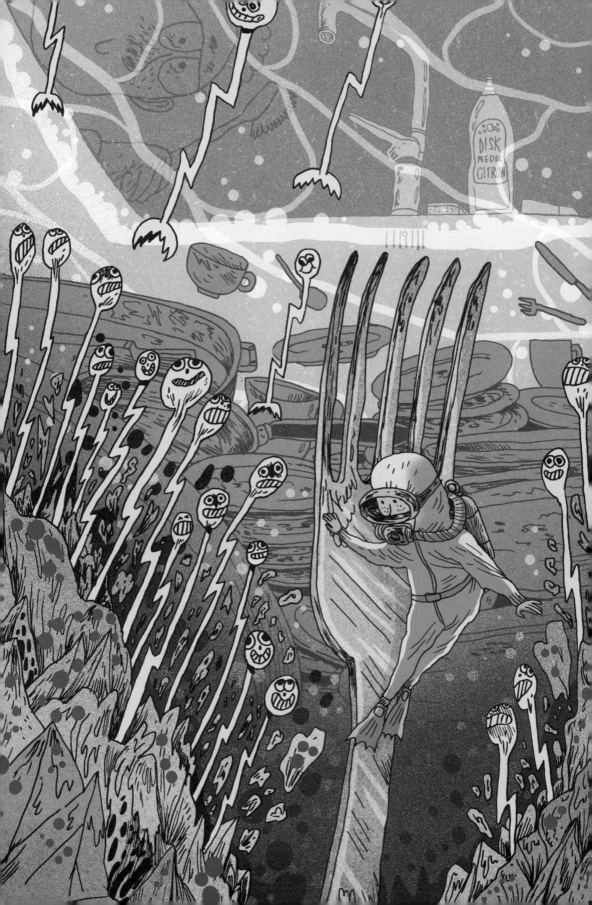

肥皂鱼

油脂是如何被干掉的

你和家里的大人刚吃完一顿丰盛的晚餐。这顿晚餐美味极了，你们吃得心满意足，不断揉着饱饱的肚子。肚子是感觉好极了，可洗碗池里的情景却正好相反。洗碗池里散落着餐具和盘子，还有一个盛着苹果派碎屑的烤盘，里面曾经装着散发出诱人的黄油味儿的苹果派。吃苹果派的时候感觉是很不错，但现在吃完了，洗碗就不那么有意思了。

你伸出手，准备洗碗。这一伸，就伸到了近四千年前的巴比伦王国，我们在那儿发现了第一批洗洁精。更确切地说，是第一批肥皂。洗洁精、肥皂，这两样东西在原理上其实差不多。

巴比伦位于今天伊拉克所在的中东地区，是当时最现代化的地方。在巴比伦，一些天文学家绘制出了恒星图，数学家们制定了一小时等于六十分钟的规则。巴比伦人还发明了肥皂。第一份肥皂配方被刻在一个黏土盘子上，至今已有近四千年的历史。

当巴比伦人把肉桂植物中提取的油、碱和水混合在一起煮时，一种近乎魔法般神奇的化学物质便诞生了。这种物质可以让最脏的手变干净，而且，当然啦，它还能洗干净装苹果派的烤盘。但巴比伦人对这种物质如此神奇的原因一无所知。他们可没有显微镜，自然也没有机会目睹现实之下的秘密，看到最微小的化学反应。但如今，我们可以做到这些。

现在，想象你一下子缩得很小很小，并且穿上了世界上最小号的潜水服。这样，你就可以看到并弄明白肥皂和洗洁精的奥妙了。

想象你走到洗碗池的边缘，准备跳进去。但你现在是如此之小，以至于肉眼完全看不到你。洗碗池——再加上池里的水——就像一片汪洋大海。苹果派烤盘和其他盘子就像在风暴中沉没的巨轮。

从洗碗池边缘跳下去的时候，你是那么熟练：你先迈出一条腿，再迈出另一条腿，像钉子落地一样笔直地落了下去。在你的下方，一切都静悄悄、黑漆漆又脏兮兮的。

你估摸着很多剩菜正像巨石一样漂浮在周围。为了看得更清楚些，你打开了潜水手电筒，却发现你马上要和旁边漂浮的一粒米相撞了。这听起来可能没那么危险，但对于现在的你来说，这粒米和潜水艇一样大。你赶紧游到一边，又发现一滴洗洁精正像一条发光的水下激流般穿过水面。你沿着洗洁精游啊游，直到到达了苹果派烤盘。是时候看看洗洁精的秘密了!

你有点儿……惊讶。因为近距离看,洗洁精就像一条条小鳗鱼似的,就是那种在水里像蛇一样扭来扭去、不断游动的鱼。因为洗洁精和肥皂用起来效果相似,你意识到我们在使用肥皂时,它肯定也会变得像小鳗鱼一样。因此,让我们称之为……肥皂鱼好了。

快来看一眼烤盘!肥皂鱼们已经开始干活儿了,现在成千上万条肥皂鱼正紧贴在烤盘表面。这场面看起来有点儿奇怪,因为它们并没有用嘴咬,而是用自己的尾巴钩住了烤盘。肥皂鱼的尾巴正深深陷在烤盘上的油污中,而它们的头则尽可能伸长到烤盘之外的地方。看起来,肥皂鱼们正试图带着整个烤盘一起游走呢!

它们也确实成功了,因为肥皂鱼采用的方法——远从巴比伦时代开始——就是如此巧妙。肥皂鱼有着如同黄油一般的油尾巴,而油最喜欢干的事儿就是和其他油脂待在一起。这就是为什么肥皂鱼的尾巴现在深陷在烤盘底部,那里满是黄油,对肥皂鱼的尾巴来说就像回到家一样温馨自然。另一方面,肥皂鱼的头部是碱性的,而碱最讨厌油脂，最喜欢干净清澈的水。因此，肥皂鱼的头现在正向外挣扎，企图逃脱这里，远离烤盘里的油脂。

不过，肥皂鱼需要些帮助才能逃离成功。

恰好，家里的大人还在洗碗池旁边站着。你抬头一看，发现他的身影巨大到有些模糊。他伸手拧开水龙头，一瞬间，水流如同成千上万条瀑布坠入洗碗池中。你躲进一把叉子的齿间，想看看究竟会发生什么。

大水冲向烤盘，肥皂鱼们终于得到了它们逃跑所需的助力。因为鱼尾巴在油脂中陷得太深了，这些油脂也被一起带走了。原来这就是肥皂的秘密——肥皂鱼在水流和漩涡中逃跑飞奔时顺便带走了油脂，烤盘因此变得干干净净。

水变得越来越浑浊，肥皂鱼正拖着油脂块儿四处打转，你感到现在的情况有些危险。因此，你赶紧游出水面，变回了正常大小。收音机还开着，家里的大人丝毫没有注意到你消失了一段时间，他们正站在洗碗池边哼唱着一首1990年代的老歌呢。

你把手伸进洗碗池的水里，想看看烤盘是不是彻底洗干净了，却发现并没有。因此，你拿起洗碗刷，把最后一点儿油脂和最后一群肥皂鱼刷掉了。

现在，你和家人的洗碗活儿基本上都干完了。你们从洗碗池边后退几步，感到很满足——那种把厨房用具整理得井井有条后的满足。不过，你们感觉到手上还有一点儿油。

幸好水龙头边上就放着一瓶洗手液。你一挤，一大群肥皂鱼就落到了你手上。当你接着水揉搓起洗手液时，肥皂鱼们也开工了。

在你的手掌里有无数条看不见的折皱，里面藏着油腻腻的污垢，而肥皂鱼会把尾巴伸到这里面去。然后，当你在水下搓洗双手时，肥皂鱼会被冲洗掉并带走这些污垢。肥皂鱼会一路被冲洗到洗碗池的底部，在底部的小洞周围转上几圈后，被冲到和烤盘上的肥皂鱼归宿相同的那家垃圾处理厂去。

如果你俯身在洗碗池上方大喊一声，在下水管道里的肥皂鱼应该能听得到：

这回真是谢谢啦，我的老伙计肥皂鱼！

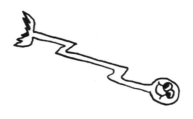

原　子
万事万物都是小点组成的世界

闭上眼睛，想象现在是十一月。外面在下雨，雨水不断地打在窗沿上。你在温暖的厨房里，准备做个三明治吃。雨下得没完没了，你有大把的时间来思考问题。

比如，思考这个问题：一切从何而来？当然，不用说——你正在用的餐刀来自某家商店，在这之前来自某家餐刀制造厂。窗玻璃是玻璃工人做出来并装上去的。雨水呢，雨水来自天上的云。但在这之前呢？在开始的开始，万事万物从何而来？

这么说吧！包括你自己在内，你能看到、能摸到的一切都曾来自外太空。

这也包括你的三明治。在吃掉它之前，不妨先站到一面镜子前。现在，想象你的眼睛是世界上最厉害的显微镜，然后用最锐利的眼神来仔细观察镜中的自己。来吧，就当你有显微镜之眼的超能力。然后你发现，你的衣服和你整个人是由很多小点组成的。而且不仅仅是你的外表，连你的体内也都是小点。

这些小点也被称为原子。要想真正触摸并感受到原子，你必须得先睁开眼睛。来，伸出一只手，拨弄一下你面前的空气。你在拨弄时，其实就是在挪动空气中的原子。你可以想象一下这些小点是如何在你的手边翻转、滚动的。现在，把空气拨动得再快一点儿，这样你就可以感觉到风了。你感觉到的这些都是空气中的原子。

再闭上眼睛，停止挥动你的手，这样你就能好好地集中注意力，听我说说原子究竟有多么小。**原子非常小**，组成一个你，得需要数量巨大的原子。

比如，假设我们取出组成你的一根小拇指的原子，把它们放大成乒乓球的大小。这样我们将会得到无数个乒乓球，以至于整个地球都会被十六千米厚的乒乓球层覆盖。地球上所有的山都会被这些乒乓球掩埋——而这只不过是你一根小拇指上的原子。

很久很久以前，这些原子都还在非常遥远的外太空。这又是怎么一回事呢？

是时候重新穿上你的航天服，离开十一月的地球了。你已经知道，万事万物都是从大爆炸时期开始的。砰的一下，宇宙膨胀起来，随后一切都像在一团大雾之中。现在想象一下，你就飘浮在这团大雾中。你什么都看不见，什么也摸不着。现在还没有恒星，也没有行星。

但在这片大雾中，第一批小小的原子诞生了。几千几万年后，这些原子和这片大雾开始逐渐凝聚成一团，形成巨大的云层。云层之间空荡荡的，显露出宇宙里第一个清晰的空间。

在你正前方正好形成了一层云，这层云的深处却挤得水泄不通，各个原子都快打起架来了，就好像石头和石头相撞后闪出火花一样。云层内部变得越来越热，到最后甚至闪起光来，仿佛有人在云雾深处的铁匠铺里生了一把火。

你环顾四周，看到更多的火在四面八方的云层深处被点燃。这就是第一批恒星的诞生。很快，它们又敲打、撞击出新的原子来——这是恒星天生的本领。只要还存在，这颗恒星的最深处就会产生原子。这些内部的敲打和撞击让恒星本身变得炽热闪亮。不仅如此，**当小小的原子相撞、合并的时候，新的原子也会诞生。这些原子构成了宇宙。**

现在整个云层都已经聚集在这颗恒星内，在它深处，又产生了氧原子。很久之后，我们人类就靠这类原子呼吸。

时间一分一秒地过去了。在航天服头盔的面窗后面，你的脸可以感觉到恒星的温度在不断升高。因为现在恒星内部正拼命地敲打，不断地制造出更重的原子——比如氟原子，很久之后它会在你的牙膏中发挥重要作用。再比如钙原子，很久之后它会形成你的骨骼。最终，这颗恒星开始制造铁原子。在恒星深处，在燃烧着的气体的深处，它不断滋养着这个铁疙瘩。这下，这颗恒星的命运已经被注定了，它的爆炸即将到来！

这个铁疙瘩想把整个恒星都拉到自己身边来，因此，最后恒星内所有燃烧的气体都落在了它身上。这个场景就像一个巨大的海浪涌向陆地，撞上悬崖，又弹了回去。你现在得赶紧逃跑，跑到一个足够远又能看清正在发生什么的地方。宇宙中几乎没有比这个爆炸更糟糕的了——恒星中的燃烧气体将和铁疙瘩相撞，然后被反弹到太空中去。

一切都发生得如此迅速、如此猛烈，以至于铁疙瘩都被撞碎了，而恒星——在它的最后一刻——变得比整个星系都要闪亮。

就这样，这颗恒星产生的原子们被抛入太空。数亿年后的现在，地球上的你则可以做个深呼吸。来，深吸一口气。现在，你可以感觉到你的肺里充满了氧原子，而这些氧原子曾经从一颗恒星的中心喷涌出来。那些组成你骨骼的原子以及组成你皮肤、眼睛和跳动的心脏的原子也拥有同样的经历。很久很久以前，它们都来自外太空中的一家恒星铁匠铺。

不过，当你出生时，你其实并不"完整"。即使你在出生时已经

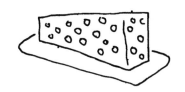

由很多原子构成，但现在组成你的大部分原子其实是随着你的成长而积累起来的。例如，当你咬一口三明治时，一些三明治原子会留在你体内，让你变大了一点儿。

原子可以进入你，也可以离开你。当你呼吸、出汗或者上厕所时，你其实就在把你的原子散布到周围，而它们想走多远就能走多远。**原子是非常非常小的旅行者，拥有几乎永恒的生命**，它们在不同的时空里都生活过。

你可能认识一个已经去世的人，并且想知道人死后会去哪儿。人类一直在思考这个问题，而其中一个回答便是：他们无处不在，因为组成他们的原子不会消失。所以，也许曾属于你曾祖父的几个原子正从你头上的空气中穿过。也许昨晚你睡的那张床单上的一部分原子曾属于某位中国皇帝。也许在学校吃午餐时，你吃进了一些很久以前在霸王龙身上的原子。

认识到这一点是一件很有趣的事情，因为当有人问你几岁时，你通常会回答一个很小的数字——这个数字可不能大于你的生日蛋糕上蜡烛的数量。但如果想想构成你身体的原子的年龄，然后再来回答这个问题的话，答案就会完全不同。组成你身体的原子平均下来有数亿年的历史，因此早在它们来到你身体里之前，它们可能已经到过无数地方和无数动物的身体里了。而它们当时又

有怎样的命运和冒险，欢迎你稍后再想一想，因为这一章马上就要结束了。

现在你又回到了由无数原子小点组成的镜子前，里面每颗原子都经历了无数冒险。如果晚上天气晴朗，你还可以出去看看天空。你可以想象一下宇宙中每颗恒星内部如何撞击出新的原子——有一天，这些原子可能会落到某颗行星上，也会进入到某个物体里。不过，这会儿的天空依旧灰蒙蒙的，你看向窗外，看到每一滴十一月的雨水中都有无数个原子小点。

你咬了一口由原子小点组成的三明治，又用原子组成的牙齿咀嚼它。原子进入你的体内，很快，你又要长大一点儿了。

你可是一个由来自外太空的原子组成的小孩。

眼 泪

流眼泪是件好事儿

闭上眼睛，想象你现在回到了厨房。此刻正是傍晚时分，收音机里正播着某个新闻节目。你站在家里的大人旁边，你们拿起闪闪发亮的菜刀准备开始做饭。

做饭的第一步是切碎洋葱。因为有很多洋葱要切，所以你和大人分工合作。当你撕下薄纸一样的洋葱外皮时，你还没什么感觉，随后你拿着菜刀直直地朝案板上的洋葱切下去——咔嚓，再切碎它——咔嚓、咔嚓——你很快就感觉到眼睛火辣辣地疼起来。你的眼泪随之哗啦啦地流了下来。你眯着眼睛看向旁边的大人，他的情况看起来也不怎么样，同样是泪流满面。你们用胳膊擦擦眼泪，眯着眼睛看向洋葱，叹口气，又切了八个洋葱。

洋葱只是在做保护自己应该做的事，而你的眼睛会流泪也是因为洋葱在保护自己。洋葱想活下去，直到长出新的洋葱，因此它们体内会产生一种酸，当受到攻击时，这种酸会以气体的形式被释放出来。

25

能让你流眼泪的不只是洋葱。强风也能让你流泪，就像你骑自行车或者滑雪的时候风让你掉眼泪一样。这些眼泪让你的眼睛保持必要的湿润度——这样你的眼睛就不会干到刺痛了。比如，当强风像吹干衣服一样吹进你的眼睛里时，你就需要额外的眼泪来让眼睛保持湿润。

在你的体内有很多小腺体。它们就像是小小的生产中心，通过生产出不同的液体来维持生命的运转。你的泪水也是在这样的腺体中形成的，我们称这个腺体为泪腺。泪腺离眼睛很近，就在你的眉毛下面。

泪腺连着泪管，眼泪就在泪管中流动。大多数泪管通向眼睛，但其中有一条通向的是鼻子。这就是为什么当我们哭时鼻子里的鼻涕也会跟着流得厉害，我们得不断擦鼻涕。

让眼睛保持湿润的眼泪被称为**"基础眼泪"**，这种眼泪必不可少。而我们切洋葱或者眼睛里进异物时掉的眼泪叫作**"反射眼泪"**，它们是反射形成的，就像打雪仗时，我们会匆忙举起一只手来保护自己不受雪球的袭击。但你最熟悉的眼泪大概是因为悲伤难过流下的那种泪水，它们被称为**"情感眼泪"**，既包括由于痛苦或者羞耻流下的泪水，也包括充满光荣和喜悦的热泪。

你可能会感到奇怪，为什么我们会需要情感眼泪？毕竟，它既不能润滑眼睛，又不能清理掉飞进眼里的异物。

情感眼泪的神奇之处在于它的独特性。其他动物也有基础眼泪和反射眼泪，这些眼泪让它们的眼睛保持干净清洁，还有其他好处，**但只有我们人类有情感眼泪。**

当你欢呼雀跃，或者火冒三丈，又或是伤心难过时，这种情绪不仅会触发你身体里的泪腺，还会触发更多的腺体。这些腺体里包括那些会制造出荷尔蒙的腺体。

荷尔蒙就像我们身体自身的魔药。当荷尔蒙起作用时，你能感受到很多东西：比如快乐和悲伤，愤怒和好奇。科学家在实验室研究试管里的情感眼泪时，他们可以看到这些眼泪是如何和魔药荷尔蒙混合的。

荷尔蒙就是我们的情绪，我们的情感眼泪里自然也有我们的情绪。因此，在你哭时，情绪自个儿就会从你的脸颊上流下来。几千年来，这样的好处被证明是巨大的，因为你的情感眼泪比什么都表达得更清楚："现在我的内心情绪都流到外面了，快过来给我一个拥抱！"

不过，现在的你一点儿也不伤心。正相反，洋葱都切好了，做饭进展顺利，你还挺高兴的。你们把洋葱倒进煎锅里，在冒着泡泡的黄油里，洋葱散发出的呛味慢慢消失了。

还不错。今天份儿的眼泪算是流得差不多啦。

万有引力
当你被一张宇宙的大网紧紧抓住

想象一下，现在是夏天，你来到了一片海滩。你脱掉鞋子和袜子，把脚放在沙子上。你感到沙子很热。

再想象你准备双脚离地跳起来，跳得越高越好。你弯曲膝盖，弯下腰，跳起来，但马上又落回了沙子上。这是因为你现在在地球上，受到宇宙法则的约束。

要是你想离开地球的话，你可以闭上眼睛，想象你正准备离开这里。你穿上航天服，自由自在地飘着，不受任何限制。你的周围安静且舒适。你从太空中看向地球，在一片黑色中，它在一层薄薄云雾的包裹下，闪耀着蓝色和绿色。

如果地球就在你的正前方，你很快还会看到一样新的东西：**地球在太空中的"凹坑"**。

这个"凹坑"是阿尔伯特·爱因斯坦发现的。

爱因斯坦是一位出生于一百多年前的科学家，他以提出相对论和拥有一头乱糟糟的头发而为大家所熟知。虽然在现实世界里，爱因斯坦小时候并不是学校里最优秀的学生，但他在自己脑海里给自己开了间学校，而且他在这间学校里的表现是顶尖的。在这里，他自己给自己上课，他既是老师，也是学生。他给自己提出难题，自己研究出全新的答案。

爱因斯坦解决的最难的一个问题大概就是万有引力究竟是怎么回事。**万有引力也被称为引力或者重力。**简单来说，爱因斯坦解释了为什么所有的人、书、大象、锅盖和海水都好好地待在圆圆的地球上，而不是飘到太空中去。

现在，我们可以做一个思考实验，来进一步理解爱因斯坦的推算。这个思考实验就是以前爱因斯坦经常在自己脑海里的学校中做的那种。但现在爱因斯坦不在他的脑海学校里，而是溜到了你身边。他也和你一样穿着航天服，虽然样式有点儿过时，但仍然很实用。你们飘得离地球越来越远，整个太阳系（你已经给它起好新名字了吧？）尽收眼底。你们看到行星在自己的轨道上运行着，而太阳在最中间熊熊燃烧。

现在你们需要一张大网。既然这是一个在想象中进行的实验，你们马上就有了一张世界上最大的网。你和爱因斯坦各自抓住大网的一边，互相帮着把大网平整美观地铺到整个太阳系下面。于是，行星们和太阳慢慢地在大网中沉了下去，最终形成了一个个凹坑。越重的天体压出的凹坑就越大。大网中央的太阳压出的凹坑最大，其他行星的凹坑稍微小一点儿。你仔细看看，是不是这样？你再好好看上一眼地球，它闪烁着漂亮的蓝绿色，也陷在这张网里——它也压出了一个凹坑。

整张大网都在往太阳的方向靠拢。这是好事，因为平时行星都是绕着恒星太阳转的。要是没有太阳通过这张网把它们牢牢抓住的话，它们可是会到处乱跑的。

这张大网被爱因斯坦称为"时空织物"。**时空织物这张网存在于整个太空中，是一张无处不在的无形之网。**每颗恒星和每颗行星都会在网上形成自己的凹坑，重一点儿的天体会形成大一点儿的凹坑，也更难从凹坑里出来。轻一点儿的天体则会形成小一点儿的凹坑。

如果你和爱因斯坦遇上一块和山石差不多大的小行星正在划过，你们可以轻松地跳开，毕竟它的凹坑实在太小了。但如果你们站在月球上面，你跳得再高也不能离开它。如果你们试图登上一个比地球重得多的行星，那可就太糟糕了。这些行星的凹坑是如此之深，引力是如此之强，你的身体将无法抗拒它们的拉拽，以至于最后它们会把你的身体拉得像煎饼一样平。

我们人类还是在地球的凹坑里待着最舒服。想象你现在回到了

地球，正赤脚站在沙滩上。当你仰起头看向

天空时，可以试着想象一下时空织物是什么

样子。无论你看向哪个方向，无论你看向天空的何

处，你都可以看到时空织物这张大网，它一路往上

通向太空深处。

　　不过，要是想通过思考实验之外的方式一路往上远离地球，那

可不是件容易的事。你需要太空火箭（在之后的一章里，你将会拥

有一艘）。但现在，你正光着脚站在海滩上，基本上哪儿也去不了。

你能抬头仰望天空，但你不能跳出地球。因为引力牢牢地抓住了你，

你只能待在地球的凹坑里。

　　至少现在是这样。

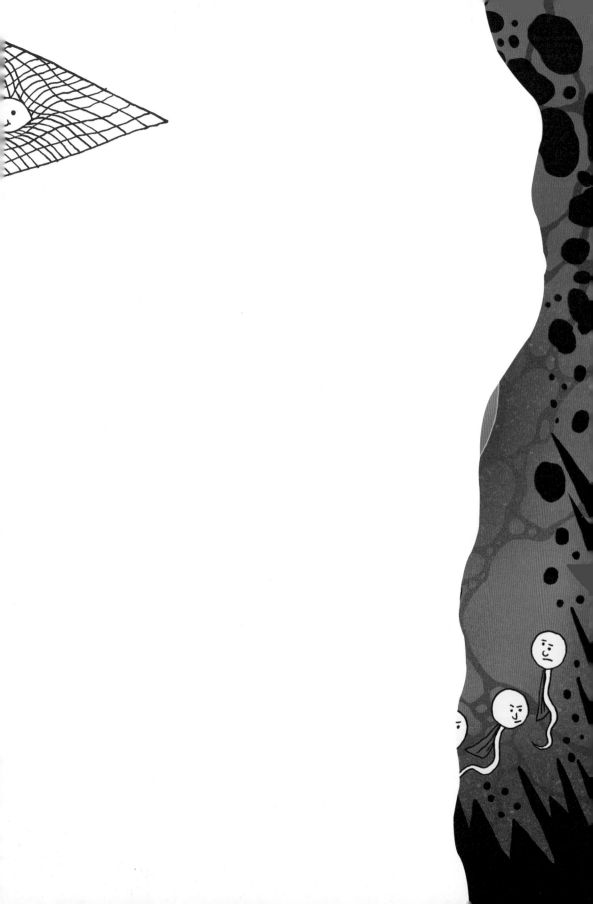

蛋

当一半的你和另一半的你合为一体

闭上眼睛，想象现在是早上。你坐在饭桌边，左手拿着一杯冰巧克力饮料，右手拿着一枚刚煮好的鸡蛋。这枚鸡蛋有点儿烫，摸着有些粗糙，正在你手中慢慢凉下来。

蛋，或者卵子[①]，可是非常重要的东西。不过，这是个大话题，其他事物也常常会被一同提起，比如精子。有些人会说，你曾经就是一枚躺在爸爸阴囊里的精子，后来，你参加并赢得了一场大型精子游泳比赛。这话不假，但相当一部分的你也曾躺在妈妈的身体里。在你妈妈的身体里有一个非常小的蛋，我们称之为卵子。在这个卵子里躺着一半的你，正等待着抓住另一半的你——就是那枚从你爸爸身体里游过来的精子。

我们最常看到的蛋是从商店里买的鸡蛋，也许你经常拿它当早

_____

① 在瑞典语中，原文ägg一词既可以指蛋，也可以指卵子。——译者注

35

餐。鸡蛋的最里面是蛋黄，它含有很多能提供能量的脂肪。蛋黄的周围是蛋清，含有很多对肌肉有好处的蛋白质。在小鸡破壳而出前，正是蛋黄和蛋清为小鸡提供营养，供它顺利长大。

当你躺在妈妈肚子里的时候，你所有的食物，更准确地说，你所有的营养——脂肪、蛋白质等——都是通过脐带获得的。如果把一根手指放在你的肚脐上，你会摸到很久以前的脐带留下的痕迹——就是肚脐眼最里头那个小疤。脐带的另一端曾经连在你妈妈的体内。妈妈的血通过脐带流向你的肚脐，带给你生长至出生所需的一切营养。

因此，你和小鸡在蛋里长大的方式差不多。你爸爸（或者公鸡）把精子送进你妈妈（或者母鸡）的卵子中。母鸡下蛋后，小鸡在蛋里长大。由于妈妈的卵子还在她的身体里，你就在那里长大。(你会很高兴地了解到，我们在商店买到的鸡蛋里很少有小鸡。因为母鸡很少有机会遇到公鸡，而没有公鸡，自然也就没有小鸡啦。)

那么，为什么我们知道你长大后会变成人，小鸡长大后会变成鸡呢？答案就是在你躺在妈妈肚子里的卵子中时，遗传密码也跟着你一起躺在那里。**遗传密码也就是我们常说的基因。**

基因就像是生命的建造说明书，是一套告诉所有生物它们应该成为什么样子的指令。你的基因是独一无二的，没有人的基因和你的一样。这些基因一半来自你的妈妈，一半来自你的爸爸。在你躺在妈妈肚子里的时候，这些基因就负责确保你会按它们的指示长大。

想象你现在正坐在早餐桌旁边，手里还拿着那枚鸡蛋。鸡蛋还是温的。在鸡蛋略显粗糙的表面上，隐藏着成千上万个小孔。换句话说，鸡蛋壳的构造既结实又松散。水是无法进入鸡蛋的，但小鸡在里面生长需要的氧气可以进来。氧气也是我们呼吸所必需的重要气体，当你躺在妈妈的肚子里时，你会通过脐带获得氧气。小鸡则通过鸡蛋壳上的小洞获得氧气。

母鸡下的蛋就好像一个母鸡体外的肚子，这个肚子最好能被放在柔软一点儿的草地上。母鸡把下好的蛋放在一块儿，通过这种方式，相当于同时怀了好几只小鸡。但人类可不能这么干，人类永远无法把肚子拿下来放在草地上。

不过，在讨论通过鸡蛋壳还是通过脐带呼吸等问题之前，你得先被创造出来才行。因此，我们得倒回去到受精的那一刻，回到你被创造出来的那一秒。

那时，一半的你正在妈妈肚子中的卵子里等待着。这颗卵子有着超级英雄总部级别的层层保护，想要进去必须得通过它周围的化学陷阱和危险机关。现在，从爸爸那里游得最快的精子们一路游到

了卵子外，想要进入卵子，它们必须穿过卵子的防御区——也就是无比危险的、能把它们置于死地的透明带。这几乎是不可能做到的，但其中一枚精子，也就是另一半的你，闯过了透明带，抵达了卵子的中心。为了防止其他精子闯进来打扰你们，卵子的防御区和化学陷阱都被激活了，把其他精子打得全军覆没。

于是，卵子内只剩下一半的你和另一半的你。

你们合二为一。

现在，你变成了完整的你。

想想看，这是件多好的事儿啊。重要的并不是那场精子游泳比赛，而是受精这一刻的互相合作。一半的你（精子）和另一半的你（卵子）组成了一个神奇的队伍，你们互相帮助，成功组成了一个完整的你。

大气层

世界上最好的外壳

没错，我之前答应过会给你一艘太空火箭。但你要先想象一下，现在是冬天，你正坐在一家比萨店里。你弯下腰凑近盘子时，你的脸便沉浸在刚出炉的比萨香气和融化的芝士味道里。外面天气很冷，经过的人们呼吸时会冒出一小股白气。

这些你能看到或者闻到的空气布满了整个地球。在丛林上空，空气散发着森林的味道。在沙漠之中，空气闻起来是沙子味儿的。阴天时云雾缭绕，而晴天时，比如在一个万里无云的晴朗冬日，你只能看到蓝天。这所有的一切都是同一样事物的一部分：**大气层**。大气层是包围着整个地球的空气，它带着温暖和生机滋养着我们。没有大气层，我们的地球将会变得寒冷而毫无生气。

不过，即便如此，你还是计划离开地球和大气层，试一试太空火箭。这样的话，接着想象在比萨店吃饱喝足后，你擦擦嘴，从椅子旁站起来，走出了比萨店。现在街上空无一人，看样子所有人都

回家吃晚饭去了。

这再好不过了，因为在广场的中央现在正停着一样新东西——你的太空火箭。它就像骑士的盔甲一样闪亮。不过，在你爬上火箭并在最顶端坐好之前，我想跟你说说以前的人类是如何努力冲出大气层并飞往太空的。

从古至今，人类一直梦想着能像鸟儿一样自由飞翔。当飞机被发明出来的时候，飞行员以为他们能一路飞到太空中去。他们确实越飞越高，甚至能够看到地球的弧线以及地球和漆黑太空的交界处。但再往上，飞机就飞不上去了。于是，人类决定制造火箭。其实几百年前人类就已经在发射类似的东西了，比如烟花。火箭由一根能从一头喷射火焰和热气的管子制成，这可以让火箭往上蹿。但是，如果想要制造出能发射到太空的火箭，我们需要更有威力的东西。随着时间的推移，人们制造出了高达百米的火箭，这种火箭能喷射出无比猛烈的火焰。

现在，你正坐在你的火箭最顶端那个小小的太空舱里。你靠在一张垫子很厚的椅子上，透过一扇圆形的小窗户，你可以看到外面傍晚时分的天空。在你看向大气层的时候，火箭的引擎启动了，发出爆炸般的响声。你感到火箭在震动，发出巨大的轰鸣声。可除此之外似乎什么事情都没有发生。在世界上最漫长的几秒钟等待后，你感受到火箭终于开始向上蹿。你的身体倒在椅子上——火箭蹿得那么快、那么猛，以至于你感到自己快被压扁了。但你挺过了这一切，当你再向窗外看去时，火箭正飞速穿过薄薄的白色云朵。

地球的大气层分为好几层。它们一层盖在另一层上，各有各的分工。你现在在最底部的一层，这一层被称为**对流层**。对流层中的气体非常适合所有生物，因此，这一层是生命体存在的地方。这里有我们呼吸所需要的氧，有植物生长所需要的氮，还有地球保持温暖所需要的二氧化碳。不过，一点点二氧化碳就能让地球的温度足够舒适。如果有太多的二氧化碳，地球就会变得很热。

现在，你的火箭继续往上冲，进入了**平流层**。现在你比世界上最高的山还要高。你看向窗外，感觉到一丝黑漆漆的太空的气息。此刻，你正在穿过臭氧层——一层充当地球的隐形防晒霜的气体。太阳不仅会射出光线，还会发出能伤害我们皮肤的危险射线。当然啦，平时你可能已经在抹防晒霜了，但如果没有臭氧层的话，你时时刻刻都得涂上一层厚厚的防晒霜。

现在，你继续往上飞，来到了**中间层**。我们很少拜访这一层，因为对于飞机来说它太高了，飞机没办法飞到这个高度。而对于我们的航天器来说，它又太低了，航天器在这里无法展开飞行。

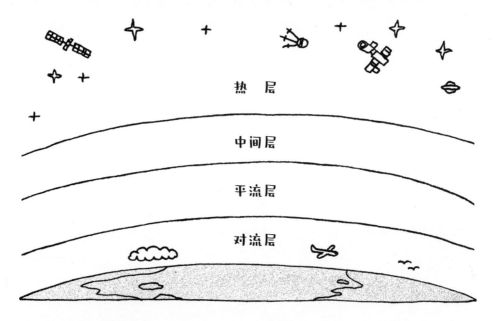

热 层

中间层

平流层

对流层

于是，你离开了中间层，来到了**热层**。现在，你可算是进入太空啦。这里的大气层实在太薄了，以至于基本上消失了。你关掉火箭发动机，火箭在没有重力的情况下滑动。你能看到窗外的人造卫星，下方的地球，还有火箭刚刚经过的每一层大气层。你几乎不敢相信，大气层现在看起来居然这么薄。它好像贴在地球周围的一层薄膜，你随时可以用指甲刮掉它，它薄得像是一层苹果皮。

难以置信，所有你认识的人都住在苹果皮般薄的大气层里。

大气层是由独一无二的环境条件和生命本身创造出来的。最开始时，地球空空如也、死气沉沉。但地球上有二氧化碳，很久之后，细菌出现了。细菌逐渐将二氧化碳转化为氧气。再往后，动物出现了，它们吸进氧气，呼出新的二氧化碳。与此同时，植物也诞生了，它们又将二氧化碳转化为新的氧气。

数十亿年来，氧气和二氧化碳之间都平衡得刚刚好，但现在，这一切却被人类破坏了。我们的机器不断制造出多余的二氧化碳，而氧气和二氧化碳之间必须得保持平衡才行。

通过火箭上那扇小小的、圆圆的窗户，你可以看到外面的太空。虽然看不到其他行星，但你知道无数行星就在那片黑漆漆的广阔空间里。有些行星几乎没有大气层，有些行星的大气层则非常厚——里面的温度可以高达一千摄氏度！有些行星的大气层有毒，还有些行星的大气层甚至有零下两百摄氏度那么冷。直到我写这本书的 2020 年，科学家们还没有发现哪个星球有和地球一样的大气层。

也许有一天，当科学家们发明了更好的望远镜时，他们会发现一颗和地球相似的行星。但到目前为止，地球是我们所知道的唯一一颗闪耀着大海的蓝色、森林的绿色，还拥有可呼吸的空气的行星。而现在，也是时候回到地球上去了。

你把火箭降落在离开时的广场上。夜幕降临，比萨店已经关门了。你看向太空，看向你刚才待过的地方。你尽可能高高地仰起头，看到了星星。此刻，太空看起来离你是如此之近，仿佛隔在中间的大气层完全不存在。但你知道，大气层其实就在那里——在我们和黑漆漆的太空之间。它很薄很薄，但依然出色地保护着我们和所有的生命。

进 化
从远古海洋中的生命到今天的你

闭上眼睛，想象尽管现在刚刚进入春天，天气却让人觉得好像夏天已经到来了一样。你坐在车上，家里的大人正在开车。你们摇下车窗，把车内的音乐声调高到几乎让人受不了的程度。但没关系，今天所有人都想来点儿音乐。人行道上人山人海，冰激凌店前第一次排起了长队。树叶是浅绿色的，鸟儿们正叽叽喳喳地叫着。

这样的一天，让人感受到生命的活力。你的胸腔似乎全打开了，一切闻起来都那么美好。街上、车里，到处都生机勃勃的。

但在生命来到这儿之前，它又在哪里呢？它又是怎么来到这里，让你拥有生命的呢？

在回答这些问题之前，让我们先问自己一个问题：什么东西有生命呢？举个例子，石头是没有生命的。石头不会生长，也不会呼吸，从内到外都硬邦邦的。

生命体则是软乎乎的。所有有生命的东西都有柔软的地方。就算是鳄鱼和椰子这样有着坚硬外壳的动植物，它们的内部也是柔软的。这是因为，**生命体是由一种叫细胞的东西构成的**，而细胞是柔软的。

细胞本身就是很小的生命体。当然啦，它们不会思考，也没有感觉，但它们像你一样，需要营养和温暖才能茁壮成长。不同的细胞擅长做不同的事情。叶细胞聚在一起可以形成花的叶子，眼细胞聚在一起可以形成你的眼睛。当你的心脏跳动时，那是你的心脏细胞正一起移动。而当你正在读或者听这些句子的时候，你正在用你的脑细胞思考。

慢着，也许你的脑细胞会让你这么想：之前不是说我是由原子组成的吗？没错，你是由来自某个恒星的原子组成的。这些原子组成了你的细胞，而你的细胞组成了你。在你的身体里，原子是最小的小点，它们组成了许许多多的小球——细胞。

要让这些细胞聚在一起形成你，需要很多苛刻到几乎不可能完成的条件，但你居然让这些条件都实现了。当生命从外太空一路延伸到你的身体内时，情况是这样的：

你已经知道最开始发生了什么——小鱼子发生大爆炸后，第一批恒星诞生了。生命想要在太空中站稳脚跟的话，需要找到一颗适合它的行星。这颗行星必须与一颗合适的恒星保持合适的距离——这样它就不会变得太热或者太冷。这颗行星还必须由坚硬的材料构成，比如石头和大山，这样生命才能继续待在那儿。最后，生命还需要水。

到目前为止，我们只知道一颗如此完美的行星——我们的地球。当时，地球的水一会儿冒烟，一会儿冒泡，不知怎么着，第一个生命出现了。也许它是从海底深处看起来像水下火山的小喷口里诞生的，又或许它是从海滩边滚滚海浪的白色泡沫中出现的。没有人知道到底发生了什么，但在地球上的某个地方，适当的原子以适当的方式结合在一起，第一个细胞就诞生了。我们把这个细胞叫作"**原始细胞**"。

原始细胞刚诞生时，可想不到它在之后会变成这一切——动物、植物纷纷出现，很久之后，人行道上人山人海，孩子们坐在汽车里，汽车里放着震耳欲聋的音乐。

在最开始时，原始细胞只是变成了细菌。它变成了很多很多的细菌——也是很有用的细菌！这些细菌开启了地球上的生命。它们开始建造大气层，随后简单的植物出现了，比如给世界增添色彩的绿藻。后来，开始有蜗牛和蚌在更大的植物间挪动，再后来，在海底捕食的鱼群也诞生了。

生命发展变化成不同形态的过程叫作进化。所有动物和植物都来自进化。在生命最开始的时候，进化无时无刻不在发生。比如，最开始的鱼并没有牙齿，所以一切都非常太平：鱼类只吃素，不会吃别的鱼。但有些鱼的某些细胞碰巧聚在了一起，形成了一张非常凶的嘴巴，最后有着凶嘴巴的鱼开始吃其他鱼。这是第一次有捕食性的鱼吃掉它们的猎物。

但即使是被吃掉的鱼类也会从进化中得到帮助。有些鱼变得非常擅长隐藏自己，比如那些天生有粉红色鱼鳞的鱼可以躲在粉红色的珊瑚中，这样捕食性的鱼就看不到它们。还有一些鱼则游得非常快，这样捕食性的鱼就追不上它们。

生命就这样继续着：新的动物和新的植物学会以新的方式生存。那些学得更好的会生下更多的后代，它们新的生存方式便如此传播开来。

很久之后，动物遍布海洋和陆地，世界各地到处可以看见它们在捕猎、进食和躲藏。此时的捕食性动物已经变得如此之大，它们拥有巨大的下颚和尖牙，比如以霸王龙为代表的恐龙。

在说到最著名的超级恐龙时，我们通常就会提起霸王龙。它们像房子一样高，像公交车一样重，下巴一点就能压碎一辆车！霸王

龙的胃口奇大无比，它们四处奔跑，吞吃下巨大的埃德蒙顿龙，弄得鲜血四溅。不过，自大可不是什么好事，进化马上要给骄傲的霸王龙一点儿教训了。一块巨大的岩石从太空中飞向地球，我们称之为陨石。当陨石撞上地球时，它会在大气中扬起如此之多的灰尘，以至于地球都会变暗。整个地球都笼罩在阴影之中，阳光无法到达地球，生命不再拥有温暖和光明。

植物在死去，动物也在死去。很快，在没有食物可吃的时候，巨大的下颚再也没办法为巨大的霸王龙提供帮助了。现在，已经灭绝的霸王龙恐怕是没机会从进化中学到教训了，但你可以从中受益，那就是成为最危险、最庞大和最强壮的生物不一定是最好的。在进化中，最好的是**拥有不断适应变化的能力**。

比如说，陨石撞击地球之后，因为食物急剧减少，所有大型恐龙都灭绝了。只有那些小型恐龙因为适应环境吃得少而活了下来。这些小型恐龙活的时间因而更长，它们生下很多后代，最终进化成为现在的鸟类。下次你在树上看到一只麻雀的时候，记得想想这一点。

不过，我们不要让话题跑得太远，还是回到陨石撞击地球后天空终于再次放晴的那一刻吧。当恐龙灭绝后，另一种动物迎来了光明——哺乳动物。包括你我在内的所有人类，都是哺乳动物。

我们之所以叫哺乳动物，是因为我们会哺乳，也就是说，我们小时候会吃妈妈乳房里的奶。哺乳动物的其他特征包括有皮毛或者毛发，并且出生前通常不会躺在蛋里。

最初的哺乳动物可能看起来像小老鼠，但随着时间的推移，它们会变成越来越多不同的动物：猫、骆驼、老虎、狗、袋鼠、猴子，等等。在猴子中，有一些会变得越来越聪明，直到会用两条腿直立行走并学会互相交谈。他们就是我们人类的祖先——**智人**。这发生在后来被称为非洲的地方。

但是，从现在直到你的诞生，还有很长的路要走。首先，人类必须要走出非洲，来到世界各地。然后，必须有千百次对的妈妈遇到对的爸爸成为对的父母，最后才能生出你。

想一想，这几乎是有点儿……令人害怕。因为只要其中有一处小小的、轻微的差错，你就永远不会出现在这个世界上了。想想看：你的爸爸妈妈也许恰好是在2000年代或者2010年代的一次聚会上相遇的。但设想一下，如果你的爸爸或者妈妈在去聚会的路上时自行车车胎漏气了，那他们就永远不会认识对方，你也永远不会出生。再想想看，你的爷爷奶奶也需要正好相遇，你的外公外婆也需要。还有他们的爸爸妈妈，他们的爸爸妈妈的爸爸妈妈，我们得追溯到很久很久以前，久到我在这本书中写下数不清的"爸爸妈妈的爸爸妈妈"还不够。所有的爸爸妈妈中，哪怕有一个人遇上了其他人，或者路上自行车爆个胎，你就不会出生。不仅如此，在这些人相遇后，也得是恰好的卵子遇到恰好的精子才行。每一次都得正正好，没有例外。

总而言之，你出现在这个世界上需要：

你出生的独家配方：

- 宇宙大爆炸

- 很好的太阳

- 距离太阳刚刚好的地球

- 很棒的大气层

- 水

- 很久之后会变成各种生物的原始细胞

- 撞击地球、灭绝恐龙的陨石

- 进化到会说话的猴子

- 在对的时间相遇的爸爸妈妈

现在，你拥有了生命。它从遥远的太空一直来到你身上，跟着你来到此时此地，到这个夏天、这辆汽车里。现在，你也能看到各种各样的生命，头顶的树叶，树上的小鸟（它曾经是恐龙）。

天空无比湛蓝，你和家里的大人马上就要到达一个公园。在那儿，你可以在草地上休息一会儿，把两只手放到胸前，这样你可以——如果你仔细感受的话——感受到你的生命细胞正在忙个不停。你的心脏在跳动，你的胸腔在一起一伏。

世界生机勃勃，此时春意盎然，而你也在茁壮成长。

病　毒
被你的鼻涕赶跑的小偷

哎呀，你感到鼻子好痒，而且变得越来越痒了。你马上要打喷嚏了。哎呀，真是太痒了！你赶紧跑向厨房，准备拿点儿纸巾，不然可得出洋相了。你马上就要拿到纸巾了，但来不及了，喷嚏你已经打出来了——阿嚏！好多鼻涕流了出来，有几滴落到了地上，其余的变成一条从鼻子流向嘴巴的小溪。你能感觉到下一个喷嚏马上就要来了，与此同时，你的鼻子里也正进行着一场战争——甚至比刚才你和鼻涕的战争更持久、更宏大。不过，想要围观这场战争的话，你得先**变成你鼻子里的一个细胞**才行，就是那种柔软的、有生命的小球。

不同的细胞有着不同的分工。有的细胞组成你的眼睛，有的组成你的心脏。现在你变成的这个细胞则是鼻科专家。在你柔软的细胞膜里，是细胞存活所需的所有东西——就像一个你能在那儿煮饭吃饭、吸收能量的小厨房一样。这个小厨房必不可少，因为你工作得十分努力。而你的工作就是生产鼻涕！

你能制造出很多很多的鼻涕。每天，你都要确保鼻子里面流着鼻涕。鼻涕对于鼻子来说是必不可少的，因为没有鼻涕的话，鼻子里面会变得过于干燥。不仅如此，没有鼻涕的鼻子还会变得又脏又不健康，因为鼻涕可以防止灰尘、污染气体和其他能让你生病的东西进入你的鼻子。鼻涕就像鼻子里的一层薄膜，它把危险都隔绝在细胞之外。总而言之，鼻涕厉害着呢！

你的鼻子需要很多很多的鼻涕。如果鼻子是一个杯子，你和你的细胞同事们每天都要生产鼻涕，把这个杯子装满。但大多数人并不会想到这一点，而是把鼻涕都咽了下去。你不用觉得这很恶心，因为所有人一直都是这么做的，哪怕是瑞典的国王和王后，每天都要咽下不少鼻涕。大人的鼻子比小孩要大，咽下的鼻涕自然也比小孩要多。

正巧今天，你们鼻细胞制造出了比平时都多的鼻涕。作为一枚鼻细胞，你很明白其中的原因，毕竟这事儿以前也发生过。这是因为一大群令人讨厌的病毒已经设法穿过了鼻子里黏黏的鼻涕，甚至进入了细胞之中。

病毒也是圆形的，看起来同样像是一个小球。病毒比细胞小，但比原子大，并且有许多向四面八方焦急伸出的小手臂。

病毒的构造比细胞要简单很多。病毒体内并没有"小厨房"，也不能为自己制造能量。因此，病毒最喜欢干的事情就是闯入细胞的小厨房里面，吸收细胞的营养。病毒就像是入室行窃的小偷，只不过偷的是食物！它也想要煮些能量来大吃特吃，然后生长并分裂成更多的病毒，这些病毒又再次变成闯进细胞的小厨房的小偷。

所以现在，你知道不能让病毒继续闯入细胞了，可眼下这正在发生，入室盗窃的范围已经扩大到了整个鼻子。在你旁边，你可以看到一个病毒——感冒病毒——跳到了你旁边的细胞上，并且往你的细胞邻居柔软的细胞膜上打了一个洞。很快，病毒就进入细胞，直奔小厨房，把那儿的食物搅得四处飞溅。你的细胞邻居虽然不再抱有希望，但仍试图进行最后一次反击，并发出了求救信号。信号被一个叫**免疫系统**的地方接收了。

如果你的免疫系统之前就曾和这种病毒交过手，那它很快就能赶跑病毒，因为免疫系统对这个病毒想要做什么已经了解得一清二楚。拿水痘病毒举个例子，如果你得过一次水痘，你以后就再也不会得了。这是因为你身体里的免疫系统已经对水痘有所准备，随时都能把它们轰出去。换句话说，你对这种病毒已经免疫了。但如果出现了一种免疫系统从来没有见过的新病毒，那事情就不太妙了。

在过去，病毒真的很可怕，因为当时我们身体不认识的病毒比现在更经常出现，比如很久以前的天花、麻疹之类的病毒性疾病。它们的名字有时很有趣，比如腮腺炎和风疹，但如果真的感染上这些病毒的话，就会很可怕。但现在，世界上大部分地区的人们都不需要再担心这些病毒，因为科学家们发明了**人类最好的礼物——疫苗**。在很多国家，孩子们会在诊所或者学校通过在手臂上打针的方式来接种疫苗。

最初的疫苗来自奶牛和一位叫詹纳博士的聪明医生。詹纳博士生活在十八至十九世纪，他注意到很多挤奶工患了牛痘。牛痘能让人生出看上去很可怕的疹子，但其实它并不危险。在当时，致命的天花病毒也在肆虐。詹纳博士发现，那些感染了牛痘的人从来没有感染过危及生命的天花病毒①。于是，他尝试把牛痘传染给他的病人。果然，这些病人一生都没有患上天花。他们身体里的免疫系统已经和牛痘打过架，产生了免疫。当天花病毒入侵时，免疫系统已经做好了准备，可以迅速将所有讨厌的天花病毒赶出去。

世界上第一批疫苗就是这样诞生的。牛在拉丁语中被称为 *vacca*，因此在英文中疫苗被叫作 *vaccine*。奶牛因疫苗以它们命名而名垂青史，但詹纳博士或许该受到最大的称赞。没有任何一项其他

---

① 牛痘病毒是天花病毒的近亲。——译者注

的发明能像疫苗一样挽救众多的生命，乃至现在，疫苗仍然每天每时每刻都在挽救着成千上万的生命。

但科学家的工作远远没有结束，因为时不时还会有新的病毒出现——比如新冠病毒。这时候，科学家们得赶紧到实验室，用显微镜观察隐藏在现实之下的秘密，病毒在那儿是肉眼可见的。如果一切顺利的话，科学家们会发明出新的疫苗，从而帮助我们的身体识别出入室行窃的病毒小偷，并在它们闯进细胞的小厨房之前把它们赶出去。

不过，我们平时不会接种感冒疫苗，也没有必要。你的身体自己就能打败感冒病毒。因为你的免疫系统自身就有很多特殊的细胞，包括抗病毒细胞，它们在你的身体里来回巡逻。抗病毒细胞也有小球一样的形状，但它们还带着特殊装备来阻止闯入细胞的病毒。比如现在，病毒正在你的细胞邻居的小厨房里大肆破坏，抗病毒细胞没有一丝犹豫，举起一样类似灭火器的武器往整个小厨房里喷射泡沫。病毒就这样被消灭掉了，但不幸的是，你的细胞邻居也被摧毁了。但不要为这个感到难过，一个新的细胞很快就长出来了，而老的细胞之前也并没有什么感觉。你知道的，细胞既没有大脑也没有情感。只有今天，当你把自己想象成一个小小的、特殊的鼻细胞时，只有你这个细胞能够思考和感受。

这批病毒并没有成功阻止鼻涕的生产！你们这些鼻细胞继续辛勤地工作着，今天的订单也比平时要多。因为抓获所有病毒需要很多的鼻涕。还有一些病毒被吞到了胃里，它们在那儿死掉了，原因是胃里太酸了，比柠檬还酸。其他病毒，连同死去的细胞和被破坏的小厨房，将被从鼻子里扔出去。现在你准备打上一个真正的喷嚏，这个喷嚏正以龙卷风般的力量席卷而来！

哎呀，鼻子实在太痒了！马上要打喷嚏了，你得赶紧想象你恢复到了正常大小，这样才能跑到厨房拿纸巾。你伸出手，抓起纸巾的那一刻正好打出了喷嚏。喷嚏声在厨房里回响。

"阿——嚏！"

黄黄的鼻涕落满了纸巾。

如果你在身体健康时打了个喷嚏——比如在切洋葱的时候——那你的鼻涕应该是清澈透明的。但现在，因为鼻涕里有死去的细胞和被破坏的小厨房，它被染上了颜色。在你鼻子里的战争结束之前，如果你的鼻涕变绿，说明战斗胜利在望。鼻涕的颜色变化实际上证明了你的身体和免疫系统正在好好地运转着。

因此，虽然鼻塞和打喷嚏很不好受，但请记住，这个世界上还是有很多美好的事物的。

比如奶牛、疫苗和流着鼻涕的鼻子。

蓝　天

慌张的阳光被抓住的地方

闭上眼睛，想象你正躺在公园的草坪上。草坪硬硬的，有点儿扎人。不过你并不在意，因为今天是个好天气。你隐隐约约听到公园里其他人的交谈声，温暖的风慢慢地吹着。

在现实中继续闭着眼睛，但在你想象出来的公园里，你可以睁开眼，望向天空。天空中只有一朵小小的、蓬松的白云。除此之外，蓝天一览无余。

但为什么天空是蓝色的，云朵是白色的呢？

首先，天上的光来自太阳。**太阳的光线是向地球蜿蜒的光波**，就像快乐地爬行的蛇一样。太阳光有很多不同的颜色，有些是红色和橙色，有些是绿色、黄色和蓝色。它们移动的样子也不一样。红色和黄色的是长波，移动起来很自信。蓝色的则是短波，移动起来总是慌慌张张的，摇摇晃晃又很着急。

在太空中是看不到太阳光的。它们必须碰上什么东西才能被看到。

在八分钟的时间里，谁都看不到的太阳光蜿蜒穿过太空，一路来到地球的大气层。在这里，它们遇上了分散的原子。红色、橙色和黄色的太阳光很少撞上它们，因为这些太阳光以长波的形式蜿蜒，能轻松从原子中溜走。但对很多蓝色太阳光来说，这实在太难了，因为它们以短波的形式蜿蜒，总是慌慌张张的，没办法溜过去。当它们和原子撞上时，它们不得不释放自己的颜色变得可见，因此，天空变成了蓝色。

那些顺利通过的阳光继续前行，其中一部分就遇到了那朵小小的云。在那朵云里，所有光线都释放出自己的色彩，最后变成了白色。

这听起来可能有些奇怪。毕竟，如果你画画的时候把所有颜色混在一块儿，最后你的画纸上只会有一团乱七八糟的棕色而已。

光线在混合的时候则是不一样的，它们可不想变得乌七八糟。当阳光在云朵中四处碰撞时——它们周围都是冰晶和水滴——所有颜色都被充分混合在一起。而当所有颜色都一样深时，整个颜色就会变成白色。

现在，你在公园的草坪上躺着，看着那朵由所有颜色的太阳光着色过的小小白云。这朵云在湛蓝的天空中飘着，在那儿，蓝色的太阳光被紧紧抓住了。

在这儿躺上一会儿，再思考一番，可真舒服。

你还可以思考一下，如果另外一种颜色（比如长袜子皮皮的明黄色①）是那个慌慌张张、没有从高空的原子中溜过去的颜色会是什么样子。我们会觉得天空肯定是明黄色的，在一个天气不错的日子里这么讨论它：

"哎呀，今天天气真不错。"从家走到公园时，我们会这么说，"天空一直是明黄色的，只有一朵可爱的墨绿色的小云飘过，但很快它就被吹走了。"

但现在的天空并不是明黄色的。你从草坪上爬起来准备回家的时候，请记住这些蓝色的太阳光线：尽管它们小小的、慌慌张张的，但它们依旧成功地干了件大事——把整个天空都涂上了蓝色。

---

① 《长袜子皮皮》是瑞典经典童话，主人公皮皮的一只长袜子为明黄色。——译者注

月　亮

当地球有了自己的兄弟姐妹

在现实生活中闭上眼睛，但想象一下你在另外一个地方睁着眼。不过，你在那儿什么都看不到，因为你正处于最黑暗的夜晚中。

你能听到海浪翻滚的声音，因此你知道附近是大海。今晚没有风，空气很潮湿。你想象着长长的、柔软的海浪上是一片大雾。空气中有股被冲上海滩的海藻和贝壳的味道。

这时候出现了一点光。远处的海面上升起了亮光，仿佛有人点起一盏探照灯。浓雾淡了。你抬起头，看到了一轮满月。在习惯了黑漆漆的夜晚之后，这点光亮显得尤为强烈。

很快，你看到月亮上的明亮处和阴影处。以前的人们以为那是月亮上的陆地和海洋，在月亮的大海上，有人往前划着月之船、摇着月之桨。一直以来，人们对月亮充满遐想。现在我们对月亮了解得更清楚了些，但它还是像神话传说中一样神秘。

现在的月亮无比温柔地发着光，你可能很难想象它其实是在无比狂暴激烈的情况下诞生的。试着想象一下，你穿越到了四十五亿年以前，即将看到月球科学家们认为的在大碰撞中发生的事。

你现在来到了很久很久以前，此时人类还没有诞生，恐龙也还没有出现，地球上甚至还没有长出第一棵灌木。为了能从即将到来的大碰撞中活下来，你现在得离开地球，到太空中去。

想象一下，你现在穿着航天服飘在太空中。你下方是还没有长出任何生物的地球。你稍微转过身，看向另一个方向——你直视着那片黑暗。一开始你什么都没看到——只有黑漆漆的一片，但很快你感觉到有什么东西正朝着你冲过来。这个东西越来越大，现在你可以看到一个球体正飞快地冲过来。这是一个叫忒伊亚①的天体，它和行星一般大小。如果你不想像一只撞上飞机机头的蚊子一样被撞成泥，最好赶紧避开。

但地球可没办法跑开，现在我们的地球正面临着变成千万块碎石的危险。

轰——隆！

这是你见过的最可怕的撞击。整个忒伊亚都被撞碎了，地球也被撞下来了好大一块。大量的石头和碎石颗粒被抛入太空，你的航

---

① 忒伊亚（Theia），曾是一颗远古行星，大部分科学家认为它与地球发生碰撞后形成现今的月球。——译者注

70

天服面罩上也沾了一点儿灰尘，被你抬手擦去了。很快，你会看到那些从地球上被抛出去的碎石在地球周围形成了一个环。所以，地球一度和土星一样，肚子周围飘浮着一条石头腰带。

但慢慢地，石头们开始动起来，并朝着同一个地方滚去。这是太空中的大网在起作用，就是你和爱因斯坦一起铺到太阳系底下的那张。也就是说，引力使得这些石头相互吸引。现在，第一批组成月亮的石头在大网上形成了一个凹坑。越来越多的石头被吸引到这个凹坑里，很快，地球的腰带不见了，所有的石头都聚集到了一起。它们相互摩擦，压碎多余的部分，慢慢地变成了月亮。

与此同时，在我们自己的星球上，也发生了翻天覆地的变化。地球似乎正在燃烧，燃起来的却不是火焰。地球现在是一片巨大的、冒泡的熔岩——科学家们也叫它岩浆——组成的大海，连落脚的地方都没有。在忒伊亚撞击地球的那一刻，撞击的力量变成了热量，而这股热量把整个地球都煮沸了。

再看看月球变成了什么样子吧！在所有石头相互挤压、不断压碎多余的部分后，它现在已经呈现出圆形。而所有的挤压都带着如此巨大的力量，以至于月球现在也处于沸腾的岩浆之中。当你看向地球和月球这两个天体时，会发现这样的奇异现象：它们在太空中彼此相邻，就像黑色空间中两个燃烧的球体。

让我们向前快进几十亿年，直到月球冷却下来，自身不再发光。现在，太阳光在月球表面反射，月球因此变得可见。

此时，地球的岩浆之海也已经变成了水做的海洋，开始呈现出你熟悉的样子——薄薄一层云下的蓝色和绿色。但生命的进程才刚刚开始，大型动物仅仅存在于大海中。虽然月亮一直是静悄悄、灰扑扑的，但它即将帮助地球上的生命走上大陆。因为尽管地球和月球相距遥远，但它们却像太空中的兄弟姐妹一样待在一起。

地球和月球在同一张太空大网中，因此通过引力，月球被拉向地球。随后，壮观的事情发生了。比如，潮汐出现了，也就是说，**海平面会上升和下降**——有些地方甚至会有好几米的幅度。当潮汐来临时，是月球正紧紧抓住海水，海水因此升高，尽可能地接近月球。

当水在一个地方聚集、升高时，它就会从另一个地方消失，因此，靠近陆地的海底就变成了沙滩。

想象一下，你的航天服的一个口袋里有一副望远镜。你拿出这副望远镜，看向正处于你下方的一处海滩。海水流走后，刚才还在水里的鱼和两栖动物几乎喘不过气来。那天的晚些时候，海水返回，动物们得救了。大约每天两次，海水来回往返。这样过了几千年，在进化的帮助下，在水下生活的动物被训练到能够在水面上呼吸。

月球像是个固执的家长，一次又一次地掀开被子，告诉海底的生命：该起床啦！

我们再把时间往前快进四亿年。你在太空中认出了熟悉的一切：我们这个时代的月球和我们这个时代的地球。地球在月球的帮助下披上了蓝色和绿色，鲸鱼从背上喷出水，森林里的鸟儿把幼崽从巢穴里衔出来。在帮助地球做完这一切后，月亮依旧静悄悄、灰扑扑的。

现在，欢迎你回到地球，回到大海边、沙滩上。月亮依旧安安静静地挂在那儿，但曾几何时，它也是天空中一个燃烧的火球。

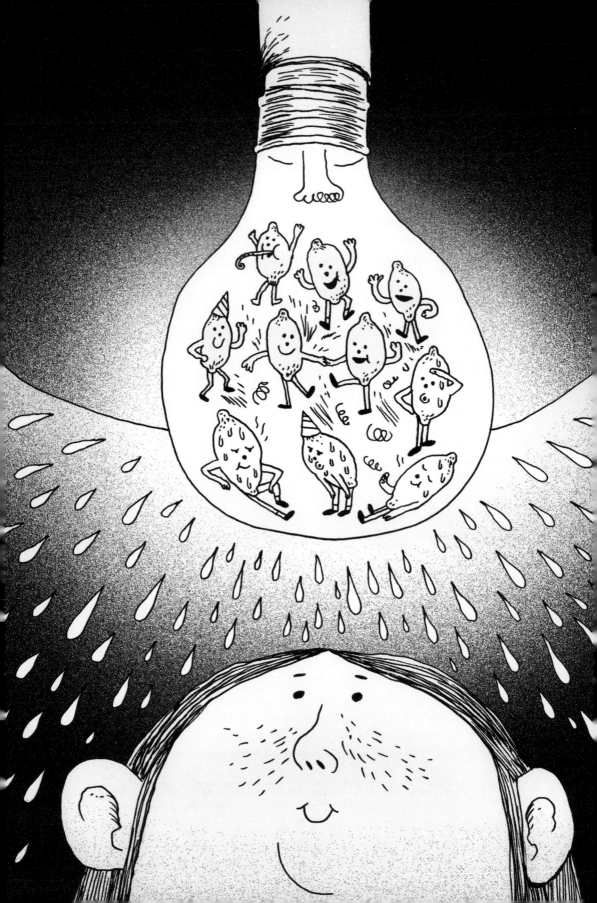

灯 光
四处飞溅的光子汗水

闭上眼睛，想象你正准备睡觉。在你的屋外，黑暗如同猫咪的皮毛一般柔软，但屋内却十分明亮。这是因为你打开了床头灯，这样才能看清书上的字。过了一会儿，当你把灯关上时，房间会陷入一片漆黑。这是怎么一回事呢？

你可以把这盏灯想象成一根水管，它正往外喷射出光。光弄得到处都湿了，它在地板上弄出一个水坑，在变干之前，水坑闪闪发光。事实也差不多就是这样，只不过这些通常发生得如此之快，以至于你没时间看清。但是今晚，你的眼睛将会是世界上最敏锐的眼睛，哪怕是最快的速度你也看得清。你将会看到光滴是如何在你的床头灯里诞生，在你卧室的地板上变干的。

这些光滴的真正名字叫作光子。你所看到的一切都得归功于光子的反弹。光子砰地撞进书页，然后带着书页和文字的画面反弹进你的眼睛。如果你环顾四周，可以试着想象四周的一切是如何反弹、溅射出光子的。光子在墙壁、家具和其他东西上蹦蹦跳跳，然后飞进你的眼睛，描绘出你房间里所有东西的画面。

光子在你房间里的弹跳很简单，你的床头灯开关就能控制它们。你打开灯，光子就开始跳跃；你熄灭床头灯，房间就陷入一片黑暗。但当你熄灭灯时，光子去了哪儿呢？它们会死吗？

在回答这个问题之前，你可能还想不通这件事情：现在我说光是由小小的"光滴"——也就是光子组成的。但在上上一章，当你躺在公园草坪上时，我又说太阳光是一路蜿蜒到地球的"光波"。你记得吧？那些小小的、慌慌张张的蓝色光波被大气层里的原子抓住后，把整个天空染成了蓝色。难道**光既是颗粒状又是波状的**吗？

没错，就是这样。不妨拿大海举个例子。如果你站在海滩上，看着朝你滚来的波浪，每一个波浪都是由数十亿滴水滴组成的。但如果你站在一块被海浪击打的礁石旁，你能感觉到水滴是如何四处飞溅的。光也是如此，它既是光波，也是光子颗粒。

长久以来，无论是光子也好，光波也好，人类的光源只有太阳和遥远的星星。但这些星星都太大了，没办法挂在卧室的墙上。研究灯光的科学家便想出了一个办法，让小一点儿的东西也能发光。这个办法和办派对很像！每当你按下灯光开关时，就相当于在灯里开了一场迪斯科舞会。你知道，有派对的地方总是有灯光的。

在灯中派对上狂欢的是原子。你可以把它们想象成小小的柠檬，这些小"柠檬"有小腿、小胳膊和酷炫的派对帽子！只要你打开灯，通过电源线给它们输送能量，它们的精力就无比充沛，甚至没办法静静地坐下来。它们膨胀起来，旋转着、自由自在地跳着舞。但它们撑不了太长时间，而每当一个跳累了的"柠檬"坐下来打算喘口气时，它就会飞散出去一点儿。散出去的不是跳舞产生的汗水，而是光。这就是光子诞生的原理：当精疲力竭的原子休息时，从它身上滴下来的就是光子。我们甚至可以说它是"光子汗水"。想象一下，如果你也有这样的汗水该多酷——**会发光的汗水**！

如果你觉得灯里有柠檬一样的原子这事儿听起来很奇怪，那你要知道，大批研究灯光的科学家在他们的会议上讨论现实世界之下最重要的秘密时，他们讨论的正是这个。科学家不断讨论着如何能以一种更巧妙的方式让原子开派对、变疲惫，这样灯光就会更明亮。

不过，你也不必为不得不坐下来休息的原子而感到难过。只要你一直开着床头灯，就像是在不断给原子递上能量饮料一样。

很快，它们又会充满活力地站起身，戴上派对礼帽，跳进舞池。对于舞池内的原子来说，这可不容易：狂欢，变累，喘气，飞溅光子，获得新的能量，又开始狂欢。但灯中的生活就是如此。

俗话说，天下没有不散的筵席。很快，是时候结束晚上的派对了。但在你关灯之前，我们得先回答这些问题：当你关掉灯时，光去哪儿了？最后一粒光子去了哪儿？为什么它们不再让房间变得亮堂堂的了？

想象一下，你正注视着最后一批光子中的一粒。它飞出灯，飞向墙壁。但它并没有反弹回来，而是消失了。这是因为这粒光子被墙上的原子抓住了。

这就是最后一批光子的遭遇——尽管它们中的许多还能够在你房间里反弹上好几回，无论是弹到墙上，还是落到地板上变成光之水坑，但最后，所有光子都会准确无误地撞上原子，消失在黑夜之中。

现在，是时候关掉床头灯，让最后的光子也停下来休息了。黑夜降临，你也得钻进被子里准备睡觉了。

现在，关掉灯吧。

晚安啦。

等一下！你可能注意到关掉灯后这本书还在发光，这是怎么回事呢？答案是其中还在举行着一个盛大派对后的小派对！在那里，原子可以再撑一段时间，因为这些颜色非常特殊，能为派对再提供一会儿能量。但很快，这些能量也会被耗尽，所有原子都会变疲惫，要开始休息。

这时候，屋子里会真正陷入黑暗。
你们都沉沉睡去。

睡　眠

黑夜里，大脑会变成猫咪

也许当你读到或者听到这一章的时候还是白天，离你睡觉的时间还早。又或许你那儿已经是晚上了，你马上就要在睡梦中到一个另外的地方——直到夜晚结束，然后你起床、聊天和吃饭。但在这期间，当你在床上直挺挺地躺着，或者在被窝里缩成一团时，当我的声音消失、一切都似乎逐渐远去时……你去了哪里？你睡着的时候你在哪里？今晚你会去哪里？

没错，你的身体还是在床上。你的胳膊、双腿都一动不动，你的心脏在轻轻跳动着。以前，人们以为大脑也会如此，人们睡觉时它也会静静休息，就像一只在窗边熟睡的猫咪。但现在，科学家不断用最敏锐的仪器来探测大脑，发现大脑似乎有着另一种不为人知的生活。大脑似乎在晚上会拼命工作，为的是第二天你能身心愉悦。这就好比大脑每天晚上都在等着你入睡，这样它好跑去完成自己的使命。

闭上眼睛，想象你现在身体已经安然入睡，但大脑却跳出了你的脑袋。想象它有四条腿，正斜穿过卧室的地板。它爬上窗户，小心翼翼地推开窗。窗外黑漆漆的，温度正好，草丛中有露水，空气中散发着玫瑰的香味。你的大脑平稳地顺着排水管爬下来，来到外面的黑夜中。

现在，它来到了你的记忆花园中。

你的所有记忆都藏在这座花园里。你那猫咪一般的大脑今晚将在这儿好好忙活——因为你的所有记忆必须得好好分类、小心保存才行。

在白天，你经历了很多。你感受到的所有情绪，学到的所有新知识，现在都高高地堆在这座花园里。为了让你明天醒来时变得更聪明、更厉害，你的大脑必须把这些新记忆都过一遍然后整理好。这也是为什么花园里还有很多盒子，你的这些记忆将会被分门别类地放进这些盒子里面。

比如说，昨天上午你在学校上了地理课，学到了有关巴黎的知识。然后你去溜冰场滑了一会儿冰。现在你的大脑就会举起巴黎，把这座城市放进一个大大的木头盒子里。之后在需要的时候，比如在考试时，你可以从这个大木盒中再取出有关巴黎的记忆。

你新学会的滑冰技巧——怎么更好地找到双腿之间的平衡——

则被放在一个小小的锡纸盒子里。你的喜悦感——你滑得特别特别快的时候感受到的——也被放在一个小盒子里，这份滑冰的喜悦感在那儿永远都是安全的。

在做完了这么多后，你大脑的工作还远远没有结束。因为经过了许多的日日夜夜之后，现在的花园里放满了你的记忆盒子。

花园会不会在某一天被彻底塞满呢？

答案是不会的。你的记忆花园非常聪明，当地方不太够时，它就会变得更大。如果需要的话，它可以向外一直扩展到像一个国家那么大，里面到处都是记忆盒子。

你的大脑必须要保证它能在所有记忆之中找到需要的那部分，也必须知道哪些记忆应该放在一块儿。因此，它会在每个盒子上穿上一根细细的、小小的电线。电线之间必须正确地连接，以确保正确的记忆连在一起。这就是为什么你的大脑现在正跟随着电线的引导，一路到了你的梦境。

现在，月光下，在一丛巨大的玫瑰旁，你的大脑必须在一团电线中找到它们的末端。但电线是如此之多，在大脑成功地把它们正确连接之前，会出现很多错误——这就是为什么你会做奇奇怪怪的梦。

我们继续举巴黎的例子。在学到巴黎的那一天，你还滑了冰，看了一部超级英雄电影。在这之前，你已经有不少记忆了：你曾经在海上看到过一艘帆船，还曾经吃过几次香肠。

现在，你猫咪一样的大脑正在黑暗中连接记忆的电线。刚开始连得不对时，电线会冒烟，沙沙作响。这就是为什么你会梦见自己在室外飞行——像超人一样，紧接着你又要去巴黎，并且选择从海上坐船去。只不过你的船是一根香肠，大海则是番茄酱。

但你的大脑并没有放弃。过了一会儿，它终于把正确的电线连了起来。现在，装有巴黎记忆的盒子和装有法棍面包记忆的盒子连着，装有番茄酱记忆的盒子和装有香肠记忆的盒子连着。帆船和大海连着，滑冰和溜冰场连着。

现在，你的记忆花园里逐渐亮堂起来。大脑在工作了一晚上之后终于感到疲倦，它像猫咪一般四脚点地，穿过草坪回家。它爬上排水管，回到你的脑袋里。差不多在这个时候，阳光也照进了你的卧室。你的腿会想要伸展一下，你的嘴也想张开打个哈欠。

当你慢慢地醒来，但仍睡眼惺忪时，你和你的大脑会再次成为一体。是时候起床迎接新的一天了。

因此，在学到新的知识后，如果你没有感觉到变成了一个更为崭新的自己——更聪明、更灵活的自己，那在明天醒来时，你可以试着感受一下。当你从床上直身坐起、翻身下床时，感受新的知识

在脑中准备就绪，四肢充满力量。我相信你是感受得到的。

想一下你脑袋里的大脑，对它问个好、道个谢吧——它可是在外面忙活了一晚上呢！然后去厨房，吃早饭，带着你的大脑赶往学校，迎接新的一天。你会学习新的知识，参加新的运动，品尝更多的酸甜苦辣。

而所有这些都会变成无数的记忆，等待晚上你的大脑再次溜出去整理。

而当大脑溜出去时，那身手正像一只敏捷的猫咪。

黑色吸热
从太阳中心开始的旅程

闭上眼睛，想象你正从沙滩往外走。你还记得这片沙滩，你之前就站在这儿，发现你没办法双脚离地跳进太空里。太阳猛烈地照射着。你仍然光着双脚，因为你想让沙子在你穿上鞋前从脚上掉下来。脚趾间的沙子尤其烦人，但现在你正穿过草坪，它们终于落了下来。

你一路走到一片巨大的停车场。继续闭着眼睛，想象你眼前的漆黑变成了停车场漆黑的沥青地面。现在没什么车停在这里，但地面上画着很多白线。如果之后有车开进来，他们知道该往哪里停车。

你家的车停在停车场的另一端。家里的大人已经上车了，正朝着你挥手呢。是时候上车出发了。你踏上沥青路面，然后——哎呀，好烫！你的脚像是被倒入平底锅的面糊一样，被滚烫的路面几乎煎了个底儿透。你猛地整个人都跳回了草坪上。

为什么？为什么黑色的路面会这么烫呢？

要回答这个问题——也是为了帮助你选出一条安全走到汽车前而不烫伤脚的路，你得再一次运用你的超能力，那项能看到光波和原子这类微小事物的超能力。

光线来自太阳。之前，你看到光线是由光波组成的。后来，你还看到光也是由光滴组成的，比如那些在你床头灯里横冲直撞的光子。现在，你能看到无数个光子飞快地从天而降，就像停车场里下着倾盆大雨一般。它们落到沥青路面上，落到你身上，还落在你家汽车和正向你挥手的家人身上。

要想知道离我们这么远的太阳怎么能让自己的光穿过冰冷的太空，来到温暖的地球，一路到达你和沥青路面，你得**搭乘一粒光子去一探究竟**才行！这趟旅行将会发生得非常快，还可能会有生命危险，但我还是希望你能为了科学知识、为了以光速驰骋的巨大乐趣而登上一粒光子。如果你确实敢这么做的话，我们现在会把你变得超级小、超级耐热，你将会从太阳的中心开始这次旅行。

现在你就在那儿，在太阳自己的原子制造工厂里。原子是在恒星的最内部产生的。在恒星产生原子时，也会产生发光的光子。但在这儿，光子的产生方式和床头灯里那种令人愉快的、充满节日庆祝氛围的方式是不一样的。在床头灯里，柠檬状的原子载歌载舞，流出的汗成为发光的光子。

在恒星这儿，光子的产生暴力又狂野：太阳按照一份简单粗暴的操作说明，疯了一样地挤碎原子，两个原子被压缩成一个更大的原子。但两个原子并不会轻易地融合在一起，而会四处飞溅，这些飞溅的便是想要逃离这个疯狂工厂的光子。

注意，现在一粒光子正好就在你的面前，快爬上它。你和这粒光子马上开始规划去太阳表面的路线，但这儿太挤了，到太阳表面去得花上无比漫长的时间。一粒光子得花上大概一百万年的时间才能通过重重关卡，到达太阳表面并进入太空。

我们假设你和你的光子很幸运，走得比其他光子更快些。离开太阳后，你环顾四周，发现周围环绕着无数的光子，它们都在全速奔驰，往前冲着。在以光速往前冲了八分钟后，你们进入地球大气层。穿过层层大气层后，你看到了熟悉的停车场。

你看到大部分光子碰上黑色的沥青路面后便消失了。但你非常聪明，你很快做出跳下光子的决定，从而避免了一同消失在黑色沥青中的命运。

你变回正常大小，滚烫的沥青路面就在你双脚的正前方。在倾盆大雨般撞向地面的光子中，你认出了刚刚搭乘的那粒光子。在这粒光子撞向黑色的沥青路面之前，你正好来得及看到那些撞向地面上的白线的光子发生了什么。

它们被反弹回去了！砰的一声，这些光子以光速被反弹回了太空中！没错，这是因为这些线是白色的。白色中没有光子进去的空间，打个比方，白色中所有的座位都已经被抢完了。光子没有别的办法，只能打道回府。

黑色沥青路面的情况则正好相反。黑色中的座位都是空的，所有光子都有地方坐。而光子进入黑色以后，黑色会变得越来越热。这是因为这些光子让黑色中的原子稍微移动了一下，你知道原子动起来后会产生什么吗？没错，**运动会产生热量**。

原子的运动在热的东西中比在冷的东西中要剧烈。

在你感到手快要冻僵时，把两只手相互搓一搓，这样你就可以通过加速手内的原子运动来让手掌变热一些。当你低头看一杯热巧克力饮料时，你发现它比凉巧克力饮料更热是因为其中的原子活动更剧烈。现在，你在阳光明媚的天气下看到停车场，发现沥青路面很热，这是因为原子在黑色中的运动要比白色中的剧烈得多。

如今你明白了一切：光子如何撞向地面，如何被白色反弹回去或者被黑色吸收。你看到运动的原子如何组成了振动的沥青路面。在纹丝不动的白线之间，黑色如同沸腾的液体或者无数只没有实体的黑蚂蚁。

还记得不久前，当你看不到这些时，一脚踏上沥青路面的时候

吗？现在你知道得更清楚了，也看得更明白了，更要注意不要光着脚踩到滚烫的地面上。

于是，你尽力保持着平衡，选择了一条一直通往你家车的白线走了上去。你们开车回家，光子一路敲打着车顶。夜幕降临后，你上床睡觉。这时，一切都会变得漆黑，因为地球的一面会背对着太阳，你家的房子也会被盖在地球身后的阴影之中。

但明天到来时，新的光子也会到来。它们从恒星太阳的最中央出发，用一百万年零八分钟的时间穿行过漆黑的太空，在你拉开窗帘的那一瞬间到达你的眼底。它们来是为了传达给你一条简单的消息：崭新的一天开始了。

橡 树

橡子里的参天大树

请再次闭上眼睛。谢谢你的配合。

想象你现在正在一次班级郊游的途中。你们来到一座巨大的、古老的、黄色的城堡前，周围有大片大片的草坪。马上就要到午餐时间了，但大多数同学还在周围跑来跑去、大喊大叫，互相拉扯着对方的背包。

不知怎么回事，你和这群人拉开了距离，你朋友的声音听起来像来自很远的地方。你发现自己站在一处巨大的草坡前，坡顶有一棵参天的橡树。这棵树的树干像一辆汽车一样宽。风吹过树叶时，树发出悠长而深沉的声音——就好像它在风中喃喃自语。深绿的树梢大得惊人，如果下起倾盆大雨，你们整个班都能躲在下面。

但这一刻，这里只有你和这棵大橡树。这是你第一次来这儿，但这棵树已经站在这里几百年了。它经历过无数风雨，数百万只鸟儿和虫子在它身上安过家。它一直静静地站在这里，仿佛什么都没有发生过，也仿佛什么都不会发生。

在你脚前方的地上躺着一颗橡子。橡子是一种来自橡树的坚果，也是橡树的种子。你拿起这颗橡子，放到手心，举到眼前，这样你可以把它看得清清楚楚。你只能看到一半的橡子，它是棕色的，富有光泽。橡子的另一半则藏在它的壳里。

再来看一眼橡树吧。想象一下，这么巨大的一棵树，曾经藏在你手心上这么小的一颗橡子里。

橡子里怎么有地方盛得下一棵橡树呢？这大概就像那些小瓶子里藏着大神灵的故事一样。只不过，这次的故事发生在现实世界里。

要明白这其中的奥妙，你得往前爬上这个草坡。在你前进的同时，时间则会倒流八百年。你的双腿有些沉重，但你还是很快爬到了坡顶。现在是八百年前，远远早于你们班级郊游的日子，甚至早于黄色城堡被建起来的日子。草坡上空荡荡的，没有一点儿橡树的影子。

如果你把手放在膝盖上，把身体往前凑，你会看到一块湿湿的、黑黑的土。如果你在这个世界里也闭上眼睛，就可以看到地下正在发生的事情：

静静地躺在那儿的，正是一颗小小的橡子。就像你在你妈妈的肚子里时就有一套如何成长的计划一样，橡树也梦想着有一天它能变得很大。橡树期待着有一天橡子能从里面裂开，橡子的壳里面刻满了橡树的所有基因，就像一份**刻好的逃生计划**一样。

为了能顺利成长，橡树要做的第一件事是吃点儿早饭。就像蛋壳里的小鸡通过吃蛋黄来获得第一丝力气，橡子也为还在黑暗中的橡树准备了一个饭盒，饭盒被放在一个叫胚乳的地方。

吃过早饭后，橡子开始做伸展运动。现在，你可以看到类似腿的东西从橡子中伸出来。它又细又白，在黑色的土壤中蔓延开来。这些"腿"会成为橡树的根。橡子还会长出来一条同样白皙的"手臂"。它朝着地面上的光往上伸，最终顶出了土壤表面。

现在转换一下视角，让我们看向地面。你会看到苍白的、小小的橡树是如何飞快成长的。它很快开始变绿。你又等了几天，手放在膝盖上，眼睛朝下盯着土壤。要明白树成长的奥妙是需要时间的，但请记住，橡树这一族是经过了数百万年的训练才能成功地像这样生长的，作为一棵橡树更需要耐心。

现在，第一批叶子长出来了。它们又被称为子叶。子叶闪着绿色，看上去脆弱而小巧，随便一只小鹿都可以一口吃掉它们。但这棵橡树很幸运，它的子叶一直都在。现在，橡树开始念起只要活着就不断重复的一条公式：**阳光、气体、水，充分混合、快快生长**。

你可能听说过光合作用吧？这就是光合作用的公式，它能够魔术般地在地球上变出绿色。世界上所有的绿色植物，包括每一片叶子、每一株草、每一片苔藓、每一束海藻都在小声念叨着这个公式：阳光、气体、水，充分混合、快快生长。当它们在制作它们所认为的最好的东西——糖分——时，它们也是在念叨这个公式。

至今还没有人能够用这种方法制造出糖来，只有植物可以这么做。它们能直接从土壤深处和空气中获取需要的配料。

配料一：阳光

还记得你在太阳中心搭乘的那粒光子吗？那些光子现在没有让停车场的黑色路面变热，而是来到这里撞上了橡树的叶子。于是，太阳的能量变成了橡树的能量，橡树需要这些能量来制作糖分。

配料二：**气体**

你知道**二氧化碳**吧？这种气体如果过多，就会对气候有害，但植物的生长却离不开它。这棵橡树，以及地球上的每一棵树，都在努力地捕捉着二氧化碳。桦树使劲伸出球形的抓捕手套般的树叶，松树和云杉则用自己的尖针（其实也是它们的树叶）瞄准二氧化碳。在热带雨林边的海滩上，红树林让二氧化碳落在自己宽大的绿色叶子上。

配料三：水

现在这棵橡树还很年轻，只能浅浅地喝上几口水。但当我们把时间快进一百年时，你得赶紧跳开，因为这棵树就像开瓶后砰地喷洒的香槟一样长大了。现在的橡树有好几米高，树冠伸展开来。它有着成千上万片树叶，它们骄傲地像波浪般排列着。现在的橡树大口大口地喝着水——这些水哗啦啦冲进了树干。

水让橡树破土而出。那根从橡子中伸出的、曾经细而苍白的"腿"，现在已经成了扎得又深又宽的橡树根。想象你的双眼拥有了X光一样的超能力，这样你就可以透过草坡看到这些树根。地下的树根和地上的树长得很像，只不过是颠倒过来的，并且没有叶子。在一片漆黑的土壤中，树根会汲取水分，然后传送到地面上的部分。

如果你曾剥下一根树枝上的树皮，就会知道在树皮和光秃秃的木头中间还有亮闪闪、湿乎乎的一层。正是在那一层里，在粗糙的树皮和光秃秃的木头间，水分向上流动。上层的树叶喝着水，同时也在放出水。

如果你再后退几步，用你最敏锐的目光打量，可以看到水蒸气是如何从橡树的树冠升起的，就好像树热到冒烟了一样。

不仅是水蒸气从树冠升起。当橡树准备好所有的配料并制作出糖分时，会发生一些非常美妙的事情。当气体——也就是橡树捕捉到的二氧化碳——转化为糖分时，之前被橡树捕获的氧原子也被释放出来，供我们人类和其他动物呼吸。

世界上所有的树木和植物都会**捕捉**有害的**二氧化碳**，并把它**转化**为有用的、可呼吸的**氧气**。

在地球上，光合作用可以说是最棒的事情之一了。

当原子望向太空，想要在另外一个星球上找到生命时，它们在寻找的其实是光合作用。如果它们发现某个星球上的大气层沾染了植物产生的糖分，那么原子就知道它们找到了一个有生命的星球。

橡树也在吃着东西。就像你吃三明治后会变壮一样，橡树吃掉糖分后也会长大。它积累了新的原子，原子形成了新的细胞，这些细胞形成了更宽的树干和更长的树枝。这一切都在按照橡树还只是颗小橡子时携带的那份基因所计划的一样进行着。

让我们把视线从橡树身上挪开，给它一点儿时间自由生长，几百年后再回来看它。在等待几百年过去的这段时间里，我想趁机给你说说以下这些：

下次你站在森林里的一棵树前时，记得观察一下水是如何冲进树皮的，树冠又是如何冒出水蒸气、释放氧气的。看一看树上的绿叶、森林里的绿苔藓和草丛，想一想它们是如何嗡嗡地轻轻颤动着生产糖分的，听一听它们是如何生长的。无数的苔藓、草丛在沙沙作响，树木在喃喃自语。

它们正小声念叨着那个公式：

阳光、气体、水，**充分混合、快快生长**！

现在，让我们再次看向橡树。

八百年过去了，这棵橡树已经大到你得退下草坡才能看到完整的它。现在，你和橡树站在这里，静静地看着对方。橡树刚刚向你展示了它从种子慢慢变成大树的一生，现在，这场展示结束了。

你很快就会转过身，从大树旁离开，你朋友的声音又回到了近处。但在你跑向他们之前，还有一件事。

答应我，当你站在一棵橡树旁，拾起它的一颗橡子时，想想那颗今天在你手心里躺过的小橡子。如果你选择把橡子扔到地上，一棵巨大的橡树就有可能会从那里长出来。这需要时间，但橡树知道该怎么做。你也知道。

只要你给橡子盖上一些土，它就能随着现实之下的秘密一起茁壮生长。

闪　电
当天空被撕成锯齿的形状

当你把头靠在枕头上，盖着被子呼呼大睡时，你不会注意到任何发生在现实世界里的事。除非有什么来自现实世界的事物用力敲打着你的睡眠之墙，让你的睡眠花园里的记忆盒子都摇晃起来，你的大脑不得不顶着夜色赶回去，看看到底发生了什么事情。

在你睁开眼睛后的最初几秒里，你感觉像在棉花里一样。但随后你慢慢清醒，开始听到周围的声音，直到能听到风如何让院子里的树叶沙沙作响。你正半坐在床上，突然，一道光透过窗帘！轰隆隆！雷声响起，你的柜子都在跟着震动。暴风雨要来了。

你爬起身，来到窗前，拉起窗帘，打开窗户。窗外的空气很柔和，比你想的还要暖和。你把胳膊肘放在窗台上，望着夜色。风轻轻吹着，你什么也看不到。

世界黑漆漆、静悄悄的，像是被黑夜这张厚毯子包得严严实实，这么一丁点儿的雷声可叫不醒它。你本来想转身回床上睡觉，但正

101

好看到了天上的云。刚才你还看不到它们，但现在闪电正在云里不断闪烁。闪电的光照亮你的房间，雷声也轰隆隆地一路滚到了这里，无比响亮。

你依旧没什么好担心的。因为你们之间隔着相当远的距离，雷雨云并不比生日气球更危险，你甚至可以把雷雨云当成生日气球。假设你跑得离这个暴风雨之夜远远的，办了一个生日派对，你可以拿一个生日气球在头发上摩擦一下，然后把它挂在墙上。这是因为气球能通过**摩擦起电**。雷雨云也一样。在雷雨云里面，雪和冰、水滴相互摩擦，因此，它们现在就像是摩擦带电的生日气球一样，挂在夜晚这张厚毯子上。

但在雷雨云中的电荷最后分布得不太均匀，也就是说，有些部分带的电荷比其他部分带的电荷更多。这就是为什么闪电会出现。在生日派对上，每个人都想得到一样多的糖果，而云也想要一样多的电荷。因此，**云用闪电在它们之间来回发送电荷**。只有当电荷被公平分配时，天空才会停下争吵，重回平静。

今晚，离所有云都满意还有一段时间。现在你站直了，在房间里后退了一步，因为闪电越来越近，房间里时而暗时而亮。紧随在每一道闪电之后的是雷声，因为声音的传播比光需要更多的时间。光传播得如此之快，以至于你马上就能看到发生了什么。而声音的传播会慢一些，它总是落后一步。因此，你可以通过数秒来估计这朵雷雨云距离你有多远。你在闪电再次照亮房间时开始计时，每三秒意味着大概一千米的距离。

现在雷声炸开了，剧烈而响亮。

闪电可不仅仅在云层之间移动。一道闪电马上要划过天地之间，趁现在，赶紧开启你超级眼的超能力，看看闪电是如何一点儿一点儿展开的。

刚开始的闪电只有轻轻的一道，它正好处在雷雨云下方，似乎在寻找什么。当你低头看向地面时，你看到了一棵云杉树，它孤零零地站在离你家门口大约一百米的地方。在云杉树的顶端有一道小闪电。因为地面也带电，所以这里也出现了闪电！如同云想平衡它们之间的电荷一样，地面和天空也想利用闪电在它们之间公平地分配电荷。云杉树顶端的闪电正尽可能地往上延伸，它想接上那条从雷雨云中探出来的闪电。

云中的闪电想要找到一条合适的路接上来自地面的闪电，但这并不容易，因为云中闪电必须走一条最适合它的电荷的路。因此，你可以看到这条云中闪电先往下走了一会儿，又转身走到一边，然后又往下走，随后又急转到另一个方向。就这样，一个闪电怪般的**锯齿形的怪物**出现了。

云中闪电终于到达了云杉树闪电的位置，两条闪电总算相遇了。当两条闪电接触到对方时，电流就在天地之间流动。这就是放电。放电的力量近乎疯狂，这条白色闪光内部的热量是太阳表面的五倍。

闪电的光闪花了你的眼。云杉树正好在两条闪电的中间，树枝乱飞，剩下的树干着了火。雷声大得不可思议，仿佛整个夜空都被撕裂了，连你的窗户都在颤动。你的耳朵也被震得发疼。很快，天空下起了大雨。

雨打在房间里的窗台上。你及时关上窗户，但仍有几滴雨溅在了你的手臂上。你看到雨成功扑灭了云杉树的火。一切都平息下来后，你回到床上，试图再次看向天空。但现在你什么都看不见了。夜幕离窗户很近，黑漆漆、湿漉漉的。你只能看到打在窗户上缓缓流下的雨滴。雨声让你昏昏欲睡。

雷雨云已经越过了你家的房子，现在正在远处隆隆作响。你闭上眼睛，想象那些闪电是如何向下探出身子，像个锯齿形的怪物一样从天空跑到地面。但随着时间的过去，所有的电荷将被公平分配，闪电也会消失。那时候，云层将会平静下来。

你盖着被子，再也抵挡不住困意的来袭。

你的眼皮慢慢合上，离开现实世界，回到睡梦中去了。

大气压
统治塞姆拉面包①和暑假的力量

闭上眼睛，感受你周围的环境。你可以坐到椅子上，或者直接在床上躺下来，总之，感受一下你周围的东西。然后，试着感受一下空气是如何压在你的脸颊上的。这就比较难了，你几乎感受不到它。因为气压实在太完美了，更确切地说，是我们人类对地球的气压适应得太完美了。

你应该为此感到高兴。如果你飘进了太空里，但由于某种原因没穿上航天服，那你可要倒霉了。我们需要气压，尽管你感觉不到，它一直向我们身体的每一毫米施加压力。这种压力使我们的身体各部分聚在一起。**如果没有气压，我们会不断膨胀。**太空中是没有空气来施加这种压力的，这种情况被叫作真空。

---

① 塞姆拉面包（semla），一种瑞典传统小面包，通常由甜小麦制成。面包顶部被切下，中间装上鲜奶油和杏仁酱后，切下的顶部又被盖回面包上，并撒上糖粉。——译者注

我们在地球上也可以创造出真空，比如说建造一个真空室：拿一个透明的有机玻璃盒子，里面所有的空气都能被吸走。你可以试着往盒子里塞各种东西。现在想象一下，你正在往盒子里塞一个装着蓬松奶油的塞姆拉面包。

如果你降低气压，也就是从盒子里抽出一部分空气，就可以看到这个塞姆拉小面包是如何膨胀变大的，因为现在压在它上面的气压越来越低。糖粉变大了，面包变大了，奶油变大了，整个塞姆拉面包变得越来越大，最后变成了一个巨大的奶油蛋糕。

我得很抱歉地告诉你，如果你没穿航天服就进入太空的话，同样的事情也会发生在你身上。因此，当你在太空中飘浮时，一定要穿上航天服。航天服很结实，也不会在太空中膨胀，里面有正合适的气压——和地球上的气压差不多。

要了解地球表面的气压是如何产生的，你可以想象一个足球场上有很多足球运动员。一支球队进球了，球员们纷纷扑到一起叠罗汉庆祝。在最上面的球员没什么事，但被压在最下面的进球球员就比较可怜了。

气压的原理也是一样的。**大气中的所有空气从地面开始堆在一起，就形成了气压。**在最上面的空气没什么事，但在最下面的空气就要承受上面所有空气的重量，所以它会比其他空气重得多，压力也更大。

有时候，气压会变得比平时更高。你可能听说过"**高气压**"这个词吧？尤其是在夏天，你可能听到大人们念叨着多么希望来一场正儿八经的高气压，其实他们就是想要一个能痛痛快快出去游泳的天气。

继续闭着眼睛，现在想象你在一片大海前，正享受着暑假里最美好的时光。你看到一块巨大的黑色岩石从海里露出来。平时，这块岩石不会露出来那么多，但今天是个例外。这是因为所有的气压就像足球场上的球员一样，互相扑到对方身上，叠成了高高的一大堆。它们是如此之重，以至于整个大海都被压下去了一些！这就是为什么你看到石头露出来的部分比平时多得多。在高气压下，水也会变得更浅，因此在水中游泳或者开船的人必须多加小心，不要撞到水底。

低气压的情况则正好相反。这时候会是刮风下雨之类比较糟糕的天气，就像足球场的球员们并不是特别高兴，只叠成了小小的一堆一样。空气对海面的压力会小很多，因此水面会更高一些，能够盖住整个岩石。

你现在可能会说，等一下，难道不是**月球引力**带来的潮汐让海平面上升或者下降的吗？没错，潮汐和气压都在尽可能地影响海平面。只不过气压可以连续很多天让海平面保持在高一些或者低一些的位置，而潮汐则更频繁一些，它能在一天内让海平面升高和降低两次。

你在乘坐飞机迅速上升，或者乘坐汽车飞快地上坡时，可以感受到低气压。换句话说，你往上来到了气压更低的地方。随着气压越来越低——也越来越弱——空气开始压向你的身体。你的耳朵可以感觉到这些压力，在你的耳朵里，薄薄的耳膜会鼓起，把耳朵堵住。

气压就像一个恰好相反的世界。位置越高，气压越低；位置越低，气压越高。

现在想象一下，你从大海里的黑色岩石上跳下来，在水下游着泳。你戴着潜水面镜，你能感觉到它是如何压在你的脸上，在你的鼻子和嘴巴间施加压力，你的上唇都因此鼓了起来。现在，你在海水下，也就是处在整个天空的压力，以及你上方所有水的压力之下。

你在海水中潜得越深，承受的压力就越大。如果潜得太深，我们人类的身体会承受不了，甚至受伤。如果你把一个塞姆拉面包放到海里——当然，你得先把它放在一个透明塑料袋里，以免弄湿，塞姆拉面包会被压缩得越来越小。随着塞姆拉小面包在海中沉得越深，它就会变得越小。

但现在，我们人类既不生活在大海深处过高的压力中，也不生活在气压极低的太空真空里。你正坐在椅子上或者躺在床上，这个地方的高度正正好，这里的气压能压下大海，却不至于压疼你的脸颊。

嘘！

有些较真的人（这种情况下你也应该较真），可能会说太空中并没有真正的真空。确实是这样的。毕竟，那儿还是有一些小粒子存在的。但另一方面，这些粒子是如此之少，以至于对于被扔进太空的塞姆拉面包或人类来说，那里就像是一个真空。进入太空的效果也和进入真空是一样的，都会噗地膨胀起来。

黑 洞

你真的想掉进里面吗？

再次闭上眼睛，想象你在一家商场里。商场里十分拥挤繁忙。今天很热，你穿的外套也太厚了。你又渴又饿，只想回家，但家里的大人说你们必须得先去药房一趟，这特别重要。

他们是怎么决定出什么是重要的事情呢？

你还没来得及细想，大人已经猛地抓起你的一只胳膊。你只希望自己能马上消失，比如被黑洞吸走了之类的。

不过……你真的愿意吗？如果你真的想被黑洞吸走的话，我们最好还是先来看一看这到底会怎么发生吧。

当然，最容易的是第一步，看看你能不能成功地在这家商场里找到一个黑洞。科学家们已经研究过黑洞会不会在商场里甚至是地球上存在，答案似乎是基本上不可能。

但可以确定的是，**太空中有很多黑洞**。仅仅在银河系中，就至少有一千万个黑洞。现在想象一下，你正穿着你的航天服，飘在银河系边缘的某个地方。你今天要拜访两个黑洞，很快，你就会看到第一个。

黑洞本身是很难被看到的。它只是黑咕隆咚的一片，但周围转着一圈光环，看上去就像水流下去时在洗碗池孔周围形成的漩涡。但这儿的一切都巨大无比、明亮无比，以至于你几乎睁不开眼睛。这些闪耀的是恒星的尘埃和气体，它们的温度升高到几乎在燃烧的程度，然后它们被吸到黑洞边缘，最后被无边无际的黑色吞没。

这个黑洞并不是一开始就像现在这样黑黑的、小小的。过去的黑洞是一颗强大的恒星。但恰恰是那些最大最亮的恒星，也正是那些坍缩而变得又小又暗的恒星。很久以前，当这颗恒星耗尽发光所需的所有燃料时，它就坍缩了，变成了一个黑洞。它比地球小得多，但比数百万个地球加起来都重。

为什么黑洞这么黑呢？这和**时空织物**有关——也就是上回你和爱因斯坦一起铺好的那张网！黑洞是如此之重，以至于它在网中形成的凹坑非常深。所有东西掉进这个深坑都没办法再爬上来，即使是**速度最快的光也没办法**溜走。由于没有光可以从黑洞中逃出，任何东西都没办法从黑洞中发出光。这就是为什么黑洞是黑色的，简直是令人难以置信的黑色。

你现在可能开始认真考虑，你是不是真的想被吸进那个黑洞里了。如果我可以给你一条建议的话，那就是快放弃这个想法吧。**所有的黑洞都十分危险**，而这些正常大小的黑洞是最糟糕的。如果你被其中一个吸走，而且掉进去的时候是脚先进去的话，那你的腿会被拉长成像意大利面一样，而上半身则保持原样。这是因为作用在你下半身的黑洞引力比作用在你头上的引力强得多。你可能会觉得这很有趣——你会拥有像意大利面一样的双腿，但这其实一点儿都不好玩。你会在被拉成一条又长又细的意大利面条后死去，永远无法回来讲述你的冒险经历。

但还有另一种可能。想象一下，你离开了第一个黑洞，去拜访今天的第二个。这个黑洞位于银河系的中心，银河系中所有的恒星都在围绕着这个黑洞旋转。如果你现在在地球上的家中，就没什么好担心的。因为地球离这个黑洞太远了，不会被它吞掉。但现在的情况要危险很多，因为这个黑洞就在你面前。它比你看到的第一个黑洞更大、更疯狂，好像几千个黑洞合成了一个。你看到大量气体和尘埃在黑洞的边缘升温、燃烧、发光，随后便被吸了进去。接着，你也要进去了。

没关系，只不过是往下掉罢了。你向黑洞边缘靠近，然后……

你什么都没有感觉到。一切都很安静，很舒适。

这是为什么呢？

答案就是黑洞的大小让你避免了拥有两条意大利面腿。换句话说，**这里的引力作用在你的全身。**

接下来会发生什么，我们就更不清楚了。目前还没有人完全知道黑洞里面到底会发生什么。没有光能从黑洞中逃出来，因此我们并不知道黑洞里面的样子。

科学家可以确定的是，在黑洞底部，所有东西都被压在一起，以至于时间和空间都不再像我们所习惯的那样存在。在那儿，一切都变了样，就像大爆炸前的那粒小鱼子的内部一样。

正是因为黑洞充满了未知，所以你还是有一丝希望的。也许你会在黑洞里获得关于时间旅行的新发现，又或者你幸运地发现虫洞真的存在，你会发现一条狭长的、闪着五颜六色的光的通道，你可以穿过这条通道去往另外一个宇宙！但令人难过的是，最有可能发生的是你会变成碎片，变成……肉末酱一样。

总而言之，进到黑洞里是基本上不可能的。而且要是细想的话，你也没有成功地进入黑洞。要是你真的跑到了黑洞附近，你的家人怎么可能现在正继续拖着你穿过商场呢？

很快，你就排在了药房前的队伍里。你的外套很热，你又渴又饿。但往好处想，不管怎么说，你并没有变成意大利面，或者肉末酱。谁知道呢？就算你在第二个大黑洞里走了大运，成功跳进了另一个宇宙，你也不会知道那里的一切会不会更好。

留在这里还是很不错的。现在是星期五，你们买了饮料喝。如果你再等上一会儿，让大人办完最后一件他们觉得重要的事情，你们就可以起程回家了。

你可能会不小心在门口绊上一下，摔进家门。但从各种方面来说，这似乎都比摔进一个黑洞要好多了。

雪　花

你是独一无二的，雪花也是

　　闭上眼睛，想象现在是一个晚上。你站在世界某一处刷着牙。没有人和你是完全一样的，也没有人在做和你完全一样的事。

　　屋外的天已经黑了。不久前家里的大人拖着脚步走过来，说该睡觉了。所以现在你开始刷牙——真无聊。刷牙真费时间，而你又不想在这上面花时间。

　　家里的大人回到厨房，那里传来了盘子被分门别类地放进碗柜的嘎吱声。突然，声音变了，嘎吱声停了，他迈着急促的步伐向你跑来，声音沙哑地喊道："哇！下雪了！"

　　你们冲到路上。周围依旧昏暗，但在路灯的灯光下，你能看到一片片的雪花，它们落在地上或者你的脸上。你的脸感觉痒痒的。

　　你伸出戴着手套的手，一片雪花正好落在了掌心。你尽可能近地观察着它。它像从迪士尼电影中飘出来的一样，仿佛是被画出来的。

　　方圆几千米都在下雪。人们常说，世界上没有两片雪花是完全相同的。真的是这样吗？

想想现在正落下来的每一片雪花。想想喜马拉雅山上所有白雪皑皑的山峰。想想全世界所有的雪。难道没有一片雪花和你掌心的这片一样吗？想想那漫长的冰河世纪，那时地球度过了一个持续数千年的冬天，难道那时也没有两片一模一样的雪花吗？

是的，即使是那时也没有。

就在几分钟前，你的这片雪花和其他上百万片雪花在云层里诞生了。它起初看起来和其他雪花没什么区别，而且一点儿也不像雪花。每一场降雪都以大气中的小颗粒杂质或者尘埃开始，水在这些小颗粒周围聚集、结冰——这就是雪花上的第一块冰晶。所有雪花在诞生时的形状都像是一个硬邦邦的小球，随后它们开始降落。

你的雪花开始往下落，现在它有了一个新的形态：一块小小的、有六个角的冰块。很快，六个角上都长出了小手臂。随着雪花穿过云层中相对温暖、冰冷、潮湿和干燥的部分，这些手臂上也生长出新的形状。于是，脆脆的枝杈不断生长，更多的冰晶像极薄的玻璃一样覆在雪花上。

这片雪花一路落了下来，在掉到你的手上时，它已经成了一片独一无二的雪花。过去没有一片雪花和它一样，未来也不会有。

原因很简单：**没有一片雪花沿着和这片雪花一样的路线飘下**。在飘下时，湿度和寒冷已经用它们自己的方式把雪花中的冰原子排好了。

你并不需要多少东西，就可以按很多不同的顺序对某样事物进行排序。现在，想象你远离了这个雪花飞舞的夜晚一会儿。

你关上门，转过身。壁炉里生着火，你站在书架前，书架上有十五本书。如果你决定尝试这些书所有的摆放方法，你得在这儿待上很长时间。十五本书可以用一万三千多亿种不同的方式摆放！如果你以一秒钟一本的速度移动书，你必须坚持大约四万一千年才能将它们按任何可以想象的方法摆放。

雪花中的冰原子的组合方式可比十五本书多多了，这就是为什么地球上的冬天再长，也永远不会落下两片相同的雪花。

这并没有什么奇怪的，我们人类也是一样。从来没有两个人过着一模一样的生活，因此每个人都是不同的。我们的人生轨迹，就像雪花飘落的路线一样，都是独一无二的。

你手掌的热量通过布料传到了手套表面，现在你的手套对于雪花来说太热了。雪花开始融化，最后只剩下水。你抬头看向家里的大人，是时候回到屋子里了。

你刷完牙就去睡觉了。家里的大人在你的房间门口看着你，独一无二的你。

你进入了梦乡。

你身处什么时间?
从万物开始到万物结束的旅程

闭上眼睛，想象在一个清晨，你正坐在饭桌旁。窗外的天色依旧有些暗。你能感觉到手掌下的桌面凉凉的。今天家里的大人决定纵容一下你，给你做一顿丰盛的早饭。

在等待早饭的工夫，你将学会找出**你现在所处的时间**——也就是说，在所有过去的时间和所有将来的时间里，你现在的时间处在什么位置。你需要先画一条从宇宙开始到宇宙结束的时间线，然后在上面标记出自己的时间位置。

现在，想象你离开餐桌，穿越太空，来到了很久很久以前——你来到了一百三十八亿年前，这时候时间还不存在。

你站在虚无之中，等待着万事万物的开始——也就是大爆炸。那粒小鱼子正躺在你双脚前，它膨胀、变大，吞没了你。现在你在一个新诞生的宇宙里，时间开始流动起来。

为了画出时间线，你带了一条白色细绳。你一边飞一边放下绳子，随着你往前飞，这条绳子也在你身后伸展。

起初，在大爆炸的浓雾中，你几乎看不到这条绳子。随后浓雾渐渐凝聚成云状，第一批星星在里面亮起。你经过它们，继续往前飞。

你来到数百万年后，这时太空变得更加清晰和空旷。第一批巨大的恒星已经爆炸，新的原子将会制造出行星。随后，整个星系都形成了。你穿过这一段时间，拉着绳子继续前行。

过了一会儿，你来到了我们的银河系，它有着章鱼般的形状。你拖着绳子穿过银河系，飞向我们的地球，它在银河系其中一条章鱼手臂上稍微往外一点儿的地方。你飞近与月球相邻的地球。但这时候万事万物才刚刚开始，所有天体上都还是沸腾的岩浆。

你把绳子拉到岩浆够不着的地方，直到一切凉下来，大海变得平静。现在，你看到了植物和第一批鱼的深色轮廓，包括矛尾鱼和盾皮鱼，它们正从水下游过。在潮汐不断的起起落落中，动物们离开大海，来到陆地。你继续拉着绳子，来到了恐龙时期。一群恐龙伸长脖子想要接近你，但你继续往前飞。

这时，一颗巨大的陨石撞上了地球。接下来是一片黑暗，生存变得十分艰难，恐龙也都消失了。然而，随着时间的推移，新的动物出现了，你沿路放下的绳子很快经过了角马和斑马。一道闪电划过，一棵大树着了火。你看到人猿学会了使用火。

之后的一切仿佛都发生在一眨眼之间。金字塔被建起来，世界大战在最黑暗的夜晚一闪而过。很快，你就到达了我们现在的时间。

你掠过你家的厨房，继续往前飞——飞向未来。到目前为止，你只在过去的时间里沿路放下了你的绳子。要明白你到底生活在整个宇宙的时间里的哪个位置，你得把绳子一直拉到最后才行。

未来是什么样子的？如果好好照顾我们的地球的话，我们可以继续在这里生活很长时间，甚至比人类已经存在的时间还要长。我们就假设地球被照料得很好，你的绳子又往前拉了几十亿年，直到所有生物都灭绝，你不得不离开地球。毕竟，**所有的星星有诞生就会有死亡，哪怕太阳也是如此。**

现在你来到了太阳的最终时刻，它开始膨胀、变红，大到吞没了离它最近的几颗行星。鼓起的太阳离地球越来越近，你和你的绳子必须得动身了，继续穿越时空的旅程。

这一段旅程是最压抑的。因为随着时间的推移，宇宙会变得越来越荒芜。宇宙在小鱼子大爆炸时就开始的运动从未停止，因此，星系和星系之间、恒星和恒星之间的距离会变得越来越远。你开始感到这趟旅程简直没有尽头。

你拖着绳子穿过越来越暗的太空。隔着令人恼火的漫长距离，你似乎感觉到了恒星集团的微弱闪光。它们像是夜间山庄里的灯光。但随着你继续前进，光又消失了。这是因为旧恒星正在死去，随着宇宙变得越来越荒芜，它失去了孕育新恒星的能力。在越来越暗的太空里，你依旧能感觉到手上的绳子，但很难看见它。一颗又一颗恒星熄灭了，就好像有人正走来走去关掉它们。随着最后一颗恒星的熄灭，一切都归于黑暗。

现在，你来到了黑洞时间。你看不到这些黑洞，但它们就在你周围，正把最后的宇宙吞没。什么恒星、行星、动物、人类——所有的原子，总有一天都会被吸到最后的黑洞中。你继续前进了一段时间，然后放慢了速度。

这就是**旅程的终点**了。自然，这些黑洞会慢慢地失去力量，但现在已经没什么可看的了。你可以留在原地，更好的选择是回到你家的厨房。现在，你已经把你的绳子从万事万物的开始一路拉到了万事万物的结束。你坐回饭桌旁，已经学会了标记出你在宇宙时间线上的位置。

也许你会觉得你现在的这个时间点在整个时间线上实在太小了，几乎看不到，你会觉得除了我们的时间外，时间线上的大部分都是漆黑一片。

但你也可以换一种角度，不妨这样想：**我们活在珍贵的当下**。宇宙里群星闪耀，而我们幸运地成了其中的一部分。成千上万次的随机爆炸后，人类才得以出现。在人类出现在地球上大约二十万年后，正正好的精子遇上了正正好的卵子，这才有了你。

可怕的事情确实存在——比如疾病、战争和气候变化。但与此同时，生活也充满了活力和希望。在你的日常生活里，你能看到茂密的树冠，能拥有期末和暑假。船驶入波浪，猫在夜间觅食，太空火箭冲向天空。你所在的时间点很小、很短，但它正好在整个宇宙时间线上的这个位置，这无比珍贵和幸运。

太阳小心地擦干了草坪上的露水，厨房的窗外天色大亮。你闻到了咖啡的香气。你不怎么喜欢咖啡，但它的气味给你一种安全感，就像黑暗之后，光明总会回来一样。

有时候，比如家里的大人在厨房的碗柜里找来找去，但就是找不到他的杯子的时候；再比如你明明很累但还是得去上学的时候，你会发现自己在想，这一切究竟有什么意义。所有的原子、生命、星星，到底有什么意义呢？也许从一开始，万事万物就都没有意义。又或许这一切的意义都在不断进化——随着宇宙变化、生命出现，一直到现在，家里的大人能看到你坐在厨房里的这一刻。

大人把面包和黄油放到你面前。而这种感觉——一个人递给另一个人三明治的那种快乐，从很多方面来说，比宇宙中的所有其他事物都要重要。拿恒星来说，它们没有感觉。它们闪耀、爆炸，但什么都感觉不到。与此同时，**我们人类则无时无刻不在感受着这个世界。**

不仅如此，我们还在望远镜里看到了天体是如何运行的，在显微镜下观察到人体是如何运转的。一个物种——也就是人类，在一个星球上——也就是地球上，花了数十亿年的时间才能在站在星空下时，既能够了解它们是如何运转的，又能够感受到它们是多么美丽。

　　我们发现得越多，一切就会变得越奇妙，就好像每次我们发现新事物时，都感觉有烟花在绽放。或许这就是万事万物的更进一步的意义：我们要感受这一切，也感叹这一切。时不时地，我们停下来，被这一想法所震惊：我们需要万事万物——整个宇宙、所有现实世界之下的秘密，都给我们一个正正好的时间点去有机会生存和生活。比如在普普通通的一天里，当窗外露水被晒干，天空下的大地在歇息时，坐在厨房里吃个早饭。

　　而这个时间点，也正是你所在的现在。